Sciences, religions et spiritualités

À la découverte de l'homme par tout l'univers

Religions et Spiritualité
fondée par Richard Moreau,
Professeur émérite à l'Université de Paris XII
dirigée par Gilles-Marie Moreau et André Thayse,
Professeur émérite à l'Université de Louvain

La collection *Religions et Spiritualité* rassemble divers types d'ouvrages : des études et des débats sur les grandes questions fondamentales qui se posent à l'homme, des biographies, des textes inédits ou des réimpressions de livres anciens ou méconnus.

La collection est ouverte à toutes les grandes religions et au dialogue inter-religieux.

Dernières parutions

François de Muizon, *Jésus, La Transfiguration*, 2021
Fabrice N'SEMI, *La théologie prophétique de Joseph Ratzinger/Benoît XVI, Fondements, historique et actualité*, 2021.
Ngoc Tiem TRAN, *Judaïsme et christianisme en genèse. Deux paradigmes de la Sortie-de-Soi,* 2021.
Didier MELLIÈRE, *Tous ces catholiques qui ont déserté l'Église... comment leur donner envie de revenir ?*, 2021.
Marie MOREAU, *La Vierge Marie, fille d'Israël. Jeune fille juive qui, par son* Fiat, *a changé la face du monde*, 2021.
Odon ABBAL, *Le saint (?) et le sauvage (?), Pierre Chanel et Musumusu (1837-1841)*, 2021.
Claude Henri VALLOTTON, *En vieillissant. Journal d'un apprentissage*, 2021.
Ronald ZOUMANGO, *Souffrance de l'homme, souffrance du christ. « Dieu était où quand je vivais cela ? »*, 2021.
Jean-Philippe PETTINOTTO, *Dans le souffle du vent, Conquête de soi et résistance franciscaine dans le monde post Covid-19*, 2021.
Ngoc Tiem TRAN, *La pensée franciscaine. Une pensée à la lisière du singulier et de l'universel,* 2021.
Gabriel TANKWA LUMBELE, *Perfectae Caritatis et la spiritualité des chanoines réguliers de Prémontré*, 2021

Pierre EGLOFF

Sciences, religions et spiritualités

À la découverte de l'homme par tout l'univers

L'Harmattan

Du même auteur

L'homme augmenté, l'homme diminué
L'Harmattan 2019

Pour des interpellations entre sciences et spiritualités
L'Harmattan, 2016

L'univers, les hommes, le Diable et le bon Dieu
L'Harmattan, 2013

La Messe sur l'univers
L'Harmattan, 2010

Dieu, les sciences et l'univers
L'Harmattan, 2006

Et Dieu là-dedans ?
L'Harmattan 2002

Science et foi ou le tiers communiquant
L'Harmattan 1999

5-7, rue de l'École-Polytechnique, 75005 Paris

www.editions-harmattan.fr

ISBN : 978-2-343-24356-6
EAN : 9782343243566

À tous ceux qui répondent aux « Pourquoi ? » de la *méta-physique* : « C'est comme ça. »

INTRODUCTION

Lorsque l'on suit les insistances de la vulgarisation scientifique grand public dans les revues et le choix des ouvrages des maisons d'édition, on est parfois frappé par un consensus implicite de leur part, comme si elles s'étaient donné le mot, même si l'actualité des thèmes abordés dans les laboratoires et centres de recherche justifie à elle seule les publications.

Il apparaît qu'il y a des périodes où l'attention se concentre sur un sujet ; en matière d'épistémologies, par exemple, dont le lecteur sait que chacune justifie une méthode de recherche, déclarée universelle, capable d'expliciter et d'unifier, selon leur auteur, l'ensemble de la démarche scientifique. Ainsi, au milieu de la seconde moitié du XXe siècle, des épistémologues ont-ils eu droit à une reconnaissance majeure, offerte à un public cultivé.

Un ténor, en premier lieu, Karl Popper, déclare que toute théorie scientifique est, en principe, réfutable.

Thomas Kuhn, un autre épistémologue, réagit en mettant en avant que les scientifiques croient dur comme fer à leur théorie, qu'elle n'est donc en rien réfutable, et qu'ils la défendront, quoi qu'il arrive. Une profession de foi sous forme de paradigmes les caractérise. Les sciences avancent en fait, le plus souvent, de paradigme en paradigme, c'est-à-dire par ruptures.

Et voici que Imre Lakatos soutient que si des noyaux durs caractérisent les idées, elles précèdent l'expérience. Les expériences de pensée justifient cette attitude, et Einstein en fut un des chantres réputés[1].

Un autre épistémologue, Paul Feyerabend, table sur l'originalité des chercheurs, guidés par un processus créateur qui échappe à la logique, et fait que tout est bon dans la recherche pour parvenir aux résultats.

Un cinquième épistémologue, Gerald Holton, moins en vedette que les précédents, mais leur exact contemporain, n'est pas sans rappeler les deux précédents. Il cherche les raisons qui sous-tendent des convictions qui ne sont pas toujours explicitées. Ainsi, met-il en avant le concept de *thêma*, une allégeance du chercheur au tréfonds de son être et arrêtant des choix entre, par exemple, le discontinu (l'atome) et le continu (un champ de forces) dans l'infiniment petit, ou adoptant la complémentarité entre les deux, ou encore privilégiant la symétrie ou à l'asymétrie, voire même le chaos, considéré à partir de la notion d'ordre, etc. Plus précisément, l'auteur privilégie une démarche du chercheur qui met l'accent sur « les rapports entre la psychologie cognitive, la façon spontanée qu'il a d'aborder le réel concret, et l'œuvre scientifique de l'individu[2]. » Il y a donc de l'homme à l'œuvre en tout cela, qui le motive sans qu'il en ait pleinement conscience. Nous aurons l'occasion d'y revenir.

Mais il apparaît également que les sciences et la philosophie se retrouvent par des chemins inattendus, que de vieilles vérités gardent leur jeunesse, comme nous le verrons, et que sciences et spiritualités trouvent plus que jamais à s'interpeller. En 1993, Basarab Nicolescu, physicien, avait déclaré une approche entre elles sous le nom de *transdisciplinarité*[3]. Déjà, à la fin des années 1930, Teilhard de Chardin écrivait dans le prologue de son ouvrage *Le phénomène humain* : « Le moment est venu de se rendre compte qu'une interprétation, même positiviste, de

---

[1] Cf. *Annexe*

[2] G. Holton, *L'imagination scientifique*, Gallimard, 1981, p. 45

[3] B. Nicolescu, *La transdisciplinarité - Manifeste*, Éditions du Rocher, 1996

l'Univers doit, pour être satisfaite, couvrir le dedans, aussi bien que le dehors des choses, – l'Esprit autant que la Matière. La vraie Physique est celle qui parviendra, quelque jour, à intégrer l'Homme total dans une représentation cohérente du monde[4]. » On aura repéré au passage les majuscules dans la citation.

Il est à remarquer que les spiritualités ne se laissent pas enfermer par l'immédiateté, mais éprouvent une inhabitation vitale et gratifiante, un sens qu'ignorent la logique et la rationalité rationalisante. Et s'il est des spiritualités officiellement reconnues, il en est d'autres, à caractère privé, mais qui élargissent l'esprit à la pensée d'un espace communionnel partagé, et ouvertes, elles aussi, sur un ailleurs qui excède le matériel. Un souffle les entretient, susceptible de les corriger et de les mûrir. En outre, si les spiritualités reconnaissent le religieux, elles ne l'éprouvent pas nécessairement, mais une tendance, aujourd'hui, est à la confusion entre les deux.

Un autre domaine, très actuel, retient l'attention, avec des recherches qui conduisent à une réflexion entre le monde végétal et l'homme, comme au sein du monde animal élargi à l'homme, ainsi que nous le verrons.

Mais une actualité brûlante affecte aujourd'hui l'homme avec le transhumanisme, appuyé sur l'intelligence artificielle, les biotechnologies et les espoirs, fondés par certains, d'une conscience artificielle.

De son côté, l'astrophysique entretient depuis longtemps une passion au cœur de la condition humaine. Des rapprochements, très anciens et pour le moins discutables des horoscopes entre les astres et la condition humaine, entendent témoigner de la poursuite quasi innée de signes du destin. Les exoplanètes découvertes aujourd'hui par milliers entretiennent également des rêves sur la possibilité d'autres vivants, et nourris de l'observation problématique, mais insistante, d'objets volants non identifiés, les OVNI.

---

[4] P. Teilhard de Chardin, *Le phénomène humain*, Éditions du Seuil, 1955, p. 30

Des domaines infiniment plus modestes, en apparence, recèlent aussi des subtilités, innées chez le commun des mortels, qui donnent à réfléchir sur leurs réflexes, subtilités dont le nombre d'or, pourtant justement compté parmi les irrationnels, se donne à lire sur tant de tableaux, la fleur de tournesol avec ses spirales croisées, sans parler des pyramides, avec ce coup d'œil irrésistible, qui ne se trompe jamais en son attirance spontanée. Les lignes qui suivent se penchent sur le constat massif d'interférences entre l'homme et son environnement immédiat ou lointain, et orientent vers une réflexion où l'anthropologie se voit non seulement interrogée, mais plus encore renouvelée.

De tout cela, nombre de scientifiques n'hésitent plus à parler à un public qui ne demande qu'à être initié. Un étonnement naît devant ces attitudes, car s'intéresser à tout ce qui bouge est une chose, mais en redemander en est une autre, comme si l'homme se trouvait naturellement embarqué jusqu'à en être touché et se laisser toucher, et parfois mis singulièrement, dirait-on, en état de secrète adhésion.

Nous vivons une époque où les recherches en matière scientifique se déploient spectaculairement, tous azimuts, comme jamais jusqu'à l'heure. Il apparaît, cependant, que nos personnes semblent de plus en plus isolées, dans un immense quant-à-soi revendiqué, et comme mises en demeure de répondre par elles-mêmes à ce qu'il en est de la vie.

Dans le même mouvement, suite au constat de départ, le monde des éditions en matière de recherches scientifiques s'est considérablement étoffé après la seconde guerre mondiale et éclaire le propos. Physiciens, biologistes et autres ont été mis ainsi à l'honneur avec leurs thèmes de recherches. Ces derniers ont surgi par vagues successives d'accents et d'insistances répétées, en astrophysique, notamment, avec des figures charismatiques, genre Hubert Reeves et l'homme, réputé

« poussière d'étoiles ». La physique quantique*, avec ses paradoxes, a eu aussi et vit encore son heure de gloire, mais encore la génétique, avec Jacques Monod, notamment, prix Nobel de médecine, qui s'était autorisé à parler de l'homme et de sa solitude cosmique. Jean-Pierre Changeux se fera remarquer avec son homme neuronal, tout entier défini par la physique et la chimie. Je n'oublie pas les mathématiciens, mais ils ont un régime à part. En effet, ils ne sont pas nécessairement liés, à l'aujourd'hui des autres disciplines. Il arrive, cependant, qu'un résultat manifeste une vérité qui touche directement l'homme. Ainsi, Gödel fait-il la démonstration en 1931 que le progrès des mathématiques passe par l'ajout d'axiomes inédits – ces a priori non démontrables, à la base des raisonnements – qui ne garantissent pas l'absence de non-contradictions avec des résultats antérieurs. Seulement, jusqu'à l'heure, il ne s'en est pas trouvé.

Aujourd'hui encore, une insistance éditoriale spectaculaire a lieu dans les domaines des neurosciences, du cerveau, ainsi que de l'intelligence artificielle et du transhumanisme. Un accent irrésistible est mis par là sur l'homme, comme s'il apparaissait que la recherche, d'une manière générale, se devait dorénavant de le prendre en considération, alors que Descartes lui avait donné son congé en l'excluant de la recherche scientifique.

---

* Cf. *Annexe*

I

TEMPS, ESPACES ET AUTRES FONDAMENTAUX

La vie humaine est conditionnée par tout un ensemble de composantes qui ont l'air d'aller de soi, mais qui, au fond, recèlent nombre de subtilités, et restent finalement largement sur la touche comme si une quelconque réflexion à leur sujet ne méritait pas le moindre égard et devait se contenter d'un très suffisant. *C'est comme ça.*

Quel étonnement, pourtant, à la pensée de très jeunes enfants, déjà philosophes et remplis de curiosités insatiables, forçant l'admiration des plus grands, et qui avaient amené un responsable d'études, un brin provocateur, à déclarer : « On dit que sept ans, c'est l'âge de raison, en fait, c'est l'âge de la perte de raison. »

LE TEMPS DANS UN RAPPROCHEMENT INTELLECTUEL SURPRENANT

On connaît la réponse de saint Augustin à la question de la définition du temps : « Si personne ne me le demande, je le sais. Si je veux l'expliquer à qui me le demande, je ne le sais plus. »

En français, la notion de temps a deux acceptions : le temps qui passe, et aussi le temps qu'il fait, avec la nuance d'indications sur les conditions de la météo, mais encore sur le climat engendré par des situations, voire une époque : *Prendre du bon temps*, *Tuer le temps*, *Par le temps qui court*.

Le temps, qui apparemment passe, implique donc une dimension historique, dans ce qui se passe, s'est passé et se passera. Ainsi, par exemple, la Tradition du croyant au Dieu d'Israël, libérateur de son peuple esclave en Égypte, professait et professe encore que Dieu reste présent à son histoire, et il élargit la conviction de sa présence à l'ensemble des nations.

Le christianisme en adopte la pensée, et proclame que l'Éternel est Amour, et que le propre de l'Amour est de rester à la fois présent et de se donner en entier. Par Lui, le temps se fait intégralement présent. Restant présent, il ne passe pas.

Il est à remarquer qu'un philosophe néoplatonicien du Ve siècle, Proclus, affirme pareillement que « le temps ne passe pas en lui-même, mais seulement dans les mobiles qu'il mesure. Il est la loi de l'écoulement. Comme tel, il est l'éternité s'épanchant dans le mouvement en lui donnant un sens[5]. » Un rapprochement est offert, en un rien de temps, le soir, lorsque nous déroulons le film des événements marquants de notre journée. Ce rien de temps, associé à la mémoire, a valeur d'éternité chez le croyant convaincu que tout ce qui aura compté de beau dans sa vie revêtira dans un autre monde une actualité gratifiante, source d'un vivre à jamais. Le rapproche-

---

[5] J. Trouillard, *Procession néoplatonicienne et Création judéo-chrétienne*, Institut Catholique de Paris, 1973, p. 8

ment vaut aussi, en partie, dans le bouddhisme, qui fait appel au karma, avec la prise en compte non seulement du positif dans la vie, mais aussi du négatif, lors des réincarnations. Un différence essentielle avec le christianisme apparaît, cependant, dans la conception d'« univers qui se succèdent sans fin [...] Des phases cycliques se produisent donc[6]. » De même, pour l'hindouisme. Seulement, contrairement à l'hindouisme, il n'y a pas dans le bouddhisme de dissolution de la personne dans l'Absolu[7].

Fort curieusement, un physicien, Étienne Klein, tient des propos très proches de Proclus en avançant, à partir des travaux de Dirac sur la physique quantique, que « le temps ne passe pas, mais fait passer la réalité. Il n'a pas de vitesse. Le temps est comme une prison à roulettes, parce que ça avance[8] ». Pour un peu, on jurerait que le physicien a été inspiré par Proclus, à part l'idée de prison à roulettes, lequel appartient à un courant de pensée remontant à Plotin, un philosophe du IIIe siècle, selon lequel le monde de Platon renvoie aux Idées, au temps, s'il est possible de parler ainsi, où les hommes vivaient avec les dieux et contemplaient à souhait l'univers des Idées. Ce temps avait été perdu par leur faute, et donné place à des âmes alourdies dans les corps qui sont les nôtres, mais qui avaient, cependant, gardé quelque mémoire de ce « lieu » béni. Selon Plotin, le monde des Idées n'est pas « un arrière-monde superposé au monde réel. Il est ce qui permet d'unifier le divers, de mettre en relation, de saisir les rapports[9]. » Il est, en outre, mystique, au sens où la connaissance dépend d'un au-delà de l'être et de l'intelligence[10].

---

[6] R. Le Gall, J. Rinpoché, *Le Moine et le Lama - Entretiens avec Frédéric Lenoir*, Fayard, 2001, p.177

[7] *Ibid.*, pp. 190-191

[8] E. Klein, conférence sur le temps, enregistrée sur Internet

[9] F. Bousquet, *L'esprit de Plotin*, Naaman, 1976, p. 54

[10] *Ibid.*, p. 20

Le rapprochement entre les deux penseurs pose la question de savoir comment ce genre de concordance, très musclé, a pu se produire à quinze siècles d'intervalle, alors que les styles de réflexion des deux époques n'étaient pas du tout les mêmes ? Invoquer le hasard est peut-être trop facile. En effet, une forme de répétition tient une place évocatrice dans la langue française, notamment. On dira, par exemple : *reconnaître* des terres inconnues et non *connaître* des terres inconnues, comme si nous étions accordés à un *déjà là* antécédent. À croire que la répétition évoque une force à l'œuvre qui vient de loin, d'une racine qui remonte très haut, dans le temps. Le *rebours*, à revers de l'écoulement du temps, en exprime quelque chose. Le *ressac*, également, ce vif et actif retour des vagues après le choc sur un obstacle. Le rêve, lui aussi, avec la même initiale, exprime quelque chose de vital, avec le retour en mémoire d'événements personnels, déformés, mais bien réels, itérant un retour d'activités dans lesquelles s'expriment des désirs.

La lettre R, à ce propos, semble bénéficier d'un statut dans la répétition, reconnu d'ailleurs par un prêtre du XVIIIe siècle, l'abbé Copineau, qui s'interrogeait : « Comment se sont formées les racines ? » Il répondait : « Par l'utilisation d'une ressemblance éprouvée dans les sensations. Par exemple : l'impression de la couleur rouge, qui est vive, rapide, dure à la vue, sera très bien rendue par le son R qui fait une impression analogue sur l'ouïe[11]. » Michel Foucault ajoute, dans *Les mots et les choses*, à la citation de l'abbé : « la gorge racle pour désigner le frottement d'un corps contre un autre[12]. » Cela se vérifie dans d'autres langues : l'anglais, l'espagnol, l'allemand, … L'hébreu en donne également la preuve, par exemple, avec *réa* (la volonté, la pensée, le compagnon), et *ruah* (l'air vital, le vent, le souffle, la vie, le caractère). D'où vient donc cette force, motrice, roborative ? Les bébés la connaissent avec les *Arreuh !*

[11] Abbé Copineau, *Essai synthétique sur l'origine et la formation des langues*, Paris, 1774, pp. 34-35

[12] M. Foucault, *Les mots et les choses*, Gallimard, 1990, p. 123

de plaisir, et les plus grands, avec le fauve vrombissement des moteurs, encore à pistons, la *Formule 1*.

Des vérités, telles des constantes, ainsi reconnues avec le temps, supposent l'existence de lois sans lesquelles la vie humaine ne serait pas possible. Ainsi, les tremblements de terre permanents seraient insupportables. Nous avons besoin du fixe. Le récent coronavirus (covid-19) l'a particulièrement révélé avec la crainte d'un nouveau confinement inondant encore une fois les services d'urgence.

Ces constantes en évoquent d'autres, fondamentales, universelles, connues aujourd'hui du commun des mortels, comme la vitesse de la lumière dans le vide ou la constante de gravitation, chère à Newton et à sa pomme.

Nous venons donc de remarquer que des domaines qui, à première vue, s'ignorent : des langues, une philosophie trempée de mystique et la physique, donnent lieu à de profondes rencontres entre elles, là où l'on ne les attendrait pas, et qui les confortent, en quelque sorte, dans leur bien-fondé.

ESPACES-TEMPS

Un ethnologue, Jean Malaurie, qui vécut longuement avec les Inuits du Groenland, raconte un étrange contact avec un chaman, longtemps après son séjour là-bas, grâce à une prière que ce dernier lui avait apprise. Il est à Paris, pris d'un immense malaise dû à un infarctus. Soudain, il sent la présence d'une main posée sur son visage. Un bien-être se produit aussitôt, après que le chaman lui a dit : « Jean Malaurie, je suis le Samu. Ne partez pas plus loin, je ne pourrai pas vous rattraper[13]. »

[13] *La Croix*, interview de Jean Malaurie par Loup Besmond de Senneville, 8-9 juin 2019

Voilà donc deux hommes dans deux espaces, dont l'un demande des guillemets, qui se retrouvent en un seul. Voici, également, deux temps : celui d'un mort et celui d'un vivant de la Terre, découverts joints en un seul temps, reconnus donc immobiles.

Jean Malaurie évoque encore une sensation de lévitation qu'il eut à deux reprises, trente ans auparavant, en janvier 1951 : « Je suis seul, en traîneau. Il fait –30° C, et c'est la nuit la plus totale. Mes chiens, que j'appelle mes choristes, font entendre leur voix. Le chien de tête, en particulier, m'accompagne dans cet état zen, qui vise à faire le vide en soi. Je sens qu'il va se passer quelque chose. [...] Dans ce moment très particulier, je sens une force singulière qui va m'entraîner vers le haut. Cela dure quelques instants[14]. » Il ajoute : « J'ai découvert que les Inuits n'étaient pas des *mangeurs de chair* crue que l'on imaginait, mais des *méditants contemplatifs*. » Ce qui est remarquable est que la lévitation est connue au moins à la fois du bouddhisme, de l'hindouisme, du taoïsme, de l'animisme, mais aussi de l'Église. Ainsi, la loi de gravitation universelle se trouve neutralisée ou suspendue dans ses effets. Certains feront le rapprochement avec Jésus marchant sur les eaux du lac de Tibériade et un disciple, qui, demandant au maître de pouvoir l'imiter, s'enfonce dans les eaux, par peur du vent.

Mais qu'est devenu le temps pour une personne en lévitation ? Son corps est dans un espace soustrait à la gravitation universelle. Il est à lui seul un espace, et se meut librement en lui, comme cette carmélite d'origine palestinienne, Mariam Baouardy, du XIXe siècle, béatifiée en 2015, se déplaçant, tel un papillon, autour d'un arbre du carmel de Pau. L'expérience pendulaire d'un lustre de la cathédrale de Pise, qui indiqua à Galilée une constance d'oscillation, n'est pas reproductible dans cet espace. Les coordonnées de l'espace et du temps, de l'espace-temps qui est le nôtre, n'ont donc pas

---

[14] *Ibid.*

la même signification chez une personne en lévitation. Si temps il y a chez elle, il échappe à nos prises.

Une interpellation de la physique surgit ici, parce que les personnes en sustentation bénéficient manifestement d'une énergie : la religieuse se promène dans l'atmosphère, et il est de notoriété que les anges, ces êtres sans masse, connus de l'ancien Orient, du judaïsme, du christianisme, de l'islam, viennent parler à des humains. Un rapprochement s'entrevoit ici avec le boson de Higgs, cette fameuse particule qui explique l'apparition des masses dans l'univers. Elle autorise, en effet, la question de l'existence de la vie avant leur apparition et celle d'autres particules, encore inconnues, suggérant la question de possibles découvertes par la physique, puisqu'elle a pour ambition de scruter l'ensemble du réel. Quelle stupéfaction s'en suivrait, les physiciens ne pouvant alors s'empêcher de se demander : « Mais à quoi pourraient-elles servir ? » !

Les guérisons que la médecine n'a pas les moyens d'expliquer aujourd'hui n'auraient-elle pas à voir, également, avec des particules encore ignorées ? La conception d'un Dieu fait homme interroge aussi, car s'il est né d'une femme, comme l'attestent le christianisme et l'islam, comment Dieu s'y est-il pris pour le concevoir ?

Quand Jean Malaurie évoque ses expériences de lévitation, il y a une imprécision sur le terme. S'agit-il, en effet, au sens strict, de lévitation ou de sortie hors du corps ? Mais Boris Cyrulnik évoque dans son ouvrage *Psychothérapie de Dieu* l'expérience de personnes, d'enfants maltraités, de femmes violées, de déportés dans les camps de la mort durant la seconde guerre mondiale, qui se sont vues « au-dessus de leur corps » avec une « étonnante indifférence », attestant une séparation de l'âme et du corps[15].

Pour leur part, les EMI, ces expériences de mort imminente (NDE[16]), interpellent les sciences, et ont donné lieu à deux

---

[15] B. Cyrulnik, *Psychothérapie de Dieu*, O. Jacob, 2017, pp. 23-24

[16] NDE : Near death experience (expérience de mort imminente)

livres qui se recouvrent en grande partie, en faisant état de « sorties hors du corps ». Le premier est d'un neurochirurgien américain Eben Alexander, qui a vécu cette expérience, lui qui avait nié jusqu'alors la réalité des EMI : « Je n'étais pas humain quand j'étais à cet endroit. Je n'étais même pas animal. J'étais quelque chose en amont, et en dessous, de tout cela. [...] Pendant que j'étais dans le coma, mon cerveau ne fonctionnait pas incorrectement. *Il ne fonctionnait pas du tout*. La partie du cerveau dont mes années de formation médicale m'avaient appris qu'elle était responsable de la création du monde dans laquelle je vivais et me déplaçais, et qu'elle traitait les données brutes arrivant par voie sensorielle pour les transformer en un univers sensé : cette partie de mon cerveau était hors service, pour de bon[17]. » Le second ouvrage, de Didier van Cauwelaert, prix Goncourt, entraîne dans un jeu de piste à couper le souffle. Ses propos font référence au précédent, à une nuance près : il avoue « précieusement une part de doute – une distance critique – quant à l'origine et la finalité des révélations qui, à l'hiver 2015, ont commencé à me prendre pour cible[18] », et dont le témoignage, déclare-t-il, pourra sembler « surréaliste, improbable ». Nous y reviendrons plus loin.

Signalons encore d'autres phénomènes hors normes : la transmission immédiate d'informations d'un lieu à un autre, éprouvée avec succès, sur laquelle nous reviendrons aussi, et la transmission de pensée, que le sens commun reconnaît volontiers. Il ne s'agit pas de téléportation, d'un transfert de l'émetteur. Il paraît bien établi, cependant, que des mystiques connus, dont le Padre Pio, un prêtre italien, religieux capucin, décédé en 1968, ont été reconnus simultanément présents, comme d'autres encore, en divers endroits.

Le temps intervient encore, autrement. Ainsi, lorsque des œuvres d'art donnent l'impression d'être portées en un hors temps ; avec la Joconde, par exemple, lorsque des millions de

---

[17] E. Alexander, *La preuve du paradis*, Trédaniel, 2013, pp. 49, 178

[18] D. van Cauwelaert, *Au-delà de l'impossible*, Plon, 2016, pp. 33, 35

visiteurs venus de partout sont en arrêt devant elle. Des horreurs appartenant pourtant au passé, retiennent pareillement l'attention, et résonnent dans notre présent, comme une actualité ineffaçable, telles d'autres images spontanées qui nous viennent pareillement à l'esprit. Comment ne pas faire mention, ici, de la *recherche* de Marcel Proust pour court-circuiter le temps, et faire du *temps perdu un temps retrouvé* ?

Interrogé sur le comment de l'arrivée de son inspiration, Mozart avançait, pour sa part, qu'elle lui venait tout d'un coup, en entier, dans l'instant.

Mais poursuivons encore avec le temps.

J'ALLAIS T'APPELER !

Il est des présences qui défient l'espace, le temps et la durée. Le sens commun connaît la pratique de ces propos au téléphone, ou lorsque quelqu'un s'en va, et vous dit avant de partir : « Je reste avec toi, je ne te quitte pas. » Rappelons-nous Proclus, qui professait : « Le temps ne passe pas en lui-même, mais seulement dans les mobiles qu'il mesure. Il est la loi de l'écoulement. Comme tel, il est l'éternité s'épanchant dans le mouvement en lui donnant un sens. » Se pourrait-il que le sens commun, si souvent regardé de haut, et trop souvent confondu avec les idées reçues, puisse connaître l'intuition de ce qu'avançait le philosophe, d'avoir l'impression que le temps ne passe pas en lui-même ?

Une chrétienne, Thérèse de Lisieux, photographiée au carmel par sa sœur Céline, offre une réflexion originale. De nombreuses photos de la sainte sont accessibles, et cela mérite une remarque. En effet, elle voyait les instants où sa sœur Céline la photographiait, et ne pouvait nier qu'elles resteraient. Pour autant, elle ne pouvait cultiver le désir de se montrer, sous peine de vanité. Comment, alors, ne pas en venir à penser qu'elle se disait : « Ce qui est exprimé de moi sur ces clichés, ce que je veux seulement, c'est un signe d'amour adressé à qui me regardera. Non pas comme un signe du passé, mais comme un présent que le Dieu d'amour, à travers moi, accorde à un frère, à une sœur en humanité. »

Cette interprétation pourra paraître osée, mais posons-nous la question : Qu'est-ce qui a bien pu pousser Céline, cette sœur de Thérèse, carmélite, elle aussi, à entrer au carmel avec un appareil photo ? À la fin du XIXe siècle, les photographes amateurs n'étaient pas légions. Thérèse avait, à n'en pas douter, la certitude qu'il y a des transmissions de pensée, en apparence différées, qui sont, en fait, émises *en direct*, donnant l'impression que le temps ne passe plus. Elle confia, en effet, avec une tranquille assurance, qu'elle était certaine de travailler encore beaucoup, après sa mort, « de faire du bien sur la terre et d'y faire pleuvoir des roses[19] ». Elle manifestait d'ailleurs son goût pour les techniques nouvelles ; les ascenseurs et les ballons atmosphériques, notamment. Nous savons combien l'écriture, aussi, tenait une grande place dans sa vie, avec son livre *Mémoires d'une âme*, qui connut un immense succès d'éditions, fut traduit en plus de cinquante langues, et diffusé à des dizaines de millions d'exemplaires. Ce *direct* témoignait selon elle que se lirait alors une communion, un présent à jamais partagé.

Jean-Claude Carrière, scénariste, dramaturge et écrivain, fait état, de son côté, du travail inconscient de son cerveau, la nuit venue, alors qu'un problème qui se pose à lui n'a pas été résolu. Il se réveille, un matin, avec la solution. Un « ouvrier invisible », dit-il, est caché en nous-même, qui œuvre à notre insu. Cela arriva alors qu'il accouchait péniblement d'un scénario avec Luis Buñuel. Depuis deux ou trois mois, ils calent l'un et l'autre sur une solution. Et voici qu'oubliant le

---

[19] P. Descouvemont, H.N. Loose, *Thérèse et Lisieux*, Cerf, 1991, pp. 289, 290

problème, ils se retrouvent, d'un coup, en parvenant au même résultat, sans s'être concertés[20].

Très curieusement, une des grandes branches de la physique, la physique quantique, offre ici un rapprochement spectaculaire. En effet, un physicien français, Alain Aspect, établit expérimentalement, en 1980, la preuve d'une relation subsistante entre deux particules de lumière, qui ont interagi dans des circonstances très particulières : elles se trouvent, depuis, corrélées systématiquement, une fois mises à distance, et cela, quel que soit leur éloignement. Ainsi, ce qui arrive à l'une se transmet-il immédiatement à l'autre, et inversement. Voilà l'*intrication*. Mais plus fort encore : lorsque l'on passe à un monde qui n'est plus celui de l'infiniment petit, ce phénomène est encore d'actualité. Des expériences conduites depuis 1996 par le groupe de Serge Haroche, prix Nobel de physique en 2013 pour ses travaux, constituent, en, effet, « un argument véritablement convaincant de l'universalité quantique »[21]. Comment interpréter, alors, le fait que des objets macroscopiques se montrent dans leur singularité, dite classiquement objective, indépendants des autres, posés à côté – on parle alors de *décohérence* –, et se voient en même temps formidablement liés ? Ce que la décohérence montre, déclare Bernard d'Espagnat, « ce n'est pas que les choses *soient* raisonnablement indépendantes les unes des autres et de nous-mêmes. Compte tenu de la structure formelle de la mécanique quantique, la décohérence reconnaît au contraire qu'il existe des grandeurs physiques dont les mesures, si nous pouvions les faire, nous révèleraient une absence complète d'indépendance[22]. » Avec les autres chercheurs, il souligne que l'homme est partie prenante de la réalité quantique : quelle que soit l'expérimentation, les expérimentateurs, les *objets* étudiés et l'environnement forment un *ternaire* indissociable. Plus

[20] Fr. Tristani-Potteaux, *Profession ? chercheur*, Cnrs Éditions, 2019, p. 105

[21] B. d'Espagnat, *Traité de physique et de philosophie*, Fayard, 2002, p. 224

[22] *Ibid.*, p. 511

précisément, le laboratoire d'expérimentation est bien plus vaste que le cadre environnemental immédiat qui est le sien, et il est à considérer en totale solidarité avec les *objets* étudiés, qui n'en sont pas, à strictement parler, ainsi qu'avec les expérimentateurs. Le rapprochement, assurément hardi entre transmission de pensée et intrication, car le changement d'échelle est énorme, ne se justifie que s'il est admis que non seulement le tout est plus grand que les parties (ici, les neurones et leurs constituants : les atomes et leurs particules), mais pose la question de l'étendue du biologique dans son acception. À croire que la conscience ne se réduit pas à elles, qu'une unité singulièrement orientée est à l'œuvre, et dont l'accès n'est pas au même niveau. Ainsi, l'âme. Nous en venons alors à l'idée que l'homme éprouve en lui-même ce qu'il est censé étudier à distance de lui-même. Voilà qui nous rapproche alors d'une rencontre spectaculaire entre la thermodynamique et la psychologie de la motivation, et nous en dit long sur l'*étendue* de l'homme, comme nous allons le voir. Nous aurons l'occasion d'y revenir aussi dans la dernière partie.

DE L'HUMAIN, PARTOUT ?

Nous avons parlé de rencontres en un sens très large, mais il en est une, d'un tout autre style, qui se donne à lire, cette fois, entre deux disciplines qui ne se ressemblent guère a priori : la thermodynamique et la psychologie de la motivation, avec Ilya Prigogine, un physicien, et Paul Diel, un psychologue. Encore trop peu connue, elle prête manifestement à discussion dans ce que l'on appelle une homologie. Nous nous étions déjà exprimé à ce sujet dans deux publications[23], mais nous nous devons d'y

[23] P. Egloff, *Pour des interpellations entre sciences et spiritualités*, L'Harmattan, 2016, et *L'homme augmenté, l'homme diminué - Le grand retour*, L'Harmattan, 2019

revenir. Elle a ceci de remarquable qu'elle manifeste une identité de perception du réel à la fois dans la démarche scientifique *et* dans l'homme, en son corps, précisément. Un chercheur français, Jacques Baron[24], en eut l'intuition en 1976, et il établit la démonstration en 1984, en apportant la preuve formelle de l'homologie – l'identité des lois – entre la thermodynamique, une grande synthèse de la physique, et la psychologie de la motivation, à partir de publications d'Ilya Prigogine[25], et de Paul Diel[26]. Il s'agit donc d'une découverte encore récente, qui est loin d'être passée dans les têtes.

Pour nous faire une idée de la première, imaginons deux masses d'air en contact et à des températures différentes. Ça fait du vent, et les navigateurs savent en tirer parti. Plus l'écart de températures grandit, plus le vent forcit. Il peut même devenir très violent... Soit, maintenant, en pensant à la seconde, un projet de vie entre deux personnes. Il n'est possible, en fait, que s'il y a une distinction entre les deux, des qualités propres à chacune, et mises en œuvre avec l'énergie dialoguante qui va avec, fondée sur une attirance réciproque ressentie. Les énergies des deux parties – les talents mis en œuvre – se trouvent ainsi combinées, où l'ensemble attelé génère plus et autre chose que la somme des parties. Les personnes vont inventer un avenir générateur d'une nature supérieure à celle de départ, et auquel correspond, dans le cadre de la thermodynamique, une performance, un nouvel ordre, supérieur au précédent, comme la progression d'un voilier, en fonction du vent provoqué. La relation nourrie de différences donne à espérer. L'avenir sera ce qu'il sera, compte tenu des limites de chacune des personnes, mais du neuf, de la vie viendra. Vive les déséquilibres ! Si équilibre il y a, en effet, rien ne se passe. Pas de vie, c'est

---

24 J. Baron, *Penser le sens de notre époque - Un moment d'unité de la pensée*, Embrasure, 2011

25 I. Prigogine, *Introduction à la Thermodynamique des processus irréversibles*, Dunod, 1968 (édition en anglais, Wiley, 1962)

26 P. Diel, *Psychologie de la motivation*, PUF, 1962 (première édition, 1947)

mort, ou, comme le pensait Pascal : « Notre nature est dans le mouvement, le repos entier est la mort. »

Confirmation de la thèse d'une homologie est apportée sans conteste par le processus qui conduisit Einstein à découvrir comment la théorie de la relativité restreinte lui était venue à l'esprit, grâce à un ressenti corporel. Dans cette théorie, il démontre, notamment, que la vitesse de la lumière est indépendante de la direction du repère d'où elle est émise, et quelle que soit la vitesse de ce dernier. Il a des mots surprenants lorsqu'il décrit la manière dont la théorie prit corps en lui. Il décrit des expériences internes, répétées et démonstratives, combinant curieusement « l'entreprise pittoresque de coordonner des aiguilles de montre, l'arrivée de signaux de lumière, la position de locomotives et celles d'éclairs[27] », qui sont des sensations « de type visuel et parfois musculaire ». Il ne s'agit donc pas d'une expérience de pensée, contrairement à celle qu'il aura lors de l'élaboration de la théorie de la relativité générale[28]. Dans un second temps, seulement, il est amené à traduire intellectuellement ces sensations en physique : « Les mots du langage, qu'ils soient écrits ou parlés, ne semblent jouer aucun rôle dans mon mécanisme de pensée[29]. » Ajoutons que le rapprochement découvert entre thermodynamique et psychologie de la motivation a été élargi à la théorie de la relativité restreinte. En effet, les équations de celle-ci furent retrouvées en 1995 par Ted Jacobson, à partir des équations de la thermodynamique[30].

Mais voici que la pensée, unie au corporel, se retrouve aussi, dans une démarche en comparaison osée avec la précédente, grâce à un Fosbury, s'arrachant paradoxalement, au dernier moment, à rebours de sa trajectoire, et se tournant vers le ciel,

---

[27] G. Holton, *op. cit.*, p. 441

[28] Cf. *Annexe*

[29] *Ibid.*, p. 440

[30] D. Elbaz, *À la recherche de l'univers invisible - Matière noire, énergie noire, trous noirs*, O. Jacob, 2016, p. 171

pour passer la barre à 2,24 mètres du sol, remportant ainsi la médaille d'or du saut en hauteur. C'était à Mexico, aux Jeux olympiques de 1968. Une démonstration surprenante fut ainsi saluée. L'histoire retient que sa performance convainquit du jour au lendemain une foule de jeunes, partout dans le monde. On imagine l'athlète testant auparavant et à de multiples reprises et d'abord en lui-même, avec ses muscles évalués pour ce faire, la faisabilité de l'opération. Le sens commun est capable de tours de force dont il a idée, et chacun de nous a, en puissance, les siens, avec ce pouvoir inné d'y penser, avant d'oser et de le communiquer à d'autres... Et voici Henri Guillaumet, justement, pilote de l'Aéropostale, de la partie, lui aussi, après l'atterrissage forcé de son avion dans la neige, lors de la traversée des Andes, en juin 1930. Il réussira l'exploit, au cinquième jour de marche, muni du courrier, d'arriver à proximité d'un village, et d'être enfin découvert par une femme. À Antoine de Saint-Exupéry, il confiera : « Ce que j'ai fait, je te le jure, jamais aucune bête ne l'aurait fait. » Le sens commun a de ces prouesses en acte qui nous stupéfient.

Un rapprochement entre Einstein et Spinoza est à remarquer ici en matière d'homologie. Nous lisons, en effet, dans *L'éthique* du philosophe un passage qui colle à merveille avec les propos du physicien : « Tout ce qui arrive dans le corps humain, l'esprit humain doit le percevoir. Donc, l'esprit humain est apte à percevoir un très grand nombre de choses[31]. » Einstein découvrait ainsi, en premier lieu, en son corps, les moyens que le cerveau prenait pour opérer en lui : les mouvements d'éclairs, de locomotives, de signaux de lumière et d'aiguilles de montre. Mais il reconnaissait parfois, aussi, la participation des muscles de son corps dans les répétitions qu'il provoquait du processus. Une gastro-entérologue, Giulia Enders, évoque, de manière générale, le fait : une zone du cerveau, le *cortex insulaire*, traduit en images les informations

[31] B. de Spinoza, *L'éthique*, deuxième partie : « De la nature et de l'origine de l'esprit », coll. idées puf, 1967, p. 97

de tout le corps et, notamment, de l'intestin ; d'où la mise en mouvement du corps, via une molécule, la sérotonine, fabriquée par les cellules de l'intestin, le microbiote, permettant ainsi aux nerfs d'activer les muscles[32]. Le sens commun, de son côté, ne connaît-il pas intuitivement l'élasticité du temps dit universel, quand, passionné par une activité, il réalise à la fin que le temps a passé si vite, voire même ne s'est pas écoulé ?

Pensons encore à Jean Malaurie qui, dans un beau livre, *Les derniers rois de Thulé*, évoque longuement[33] l'aptitude des Inuits, ces Esquimaux polaires, à se reconnaître liés aux pierres, aux corps et vallées, aux forces telluriques, et leur « compréhension sensorielle de l'univers », sous forme d'une « vibrance de perception ». Après un long séjour chez eux, il avoue être resté marqué sensoriellement et psychologiquement[34], jusqu'à affirmer que « la sensation est une prescience inspirée[35]. » Le compositeur Olivier Messiaen, pour sa part, déclarait que les notes de musique évoquaient spontanément chez lui des couleurs. Il *entendait* donc juste et, en même temps, *voyait* juste. Il rejoignait ainsi la physique, qui confirme que les sons et la lumière sont définis par des fréquences. Le ressenti physique ou corporel était donc, chez lui, au même niveau de perception que le phénomène étudié en Physique.

On croirait entendre Baudelaire dans *Correspondances* :
« Il est des parfums frais comme des chairs d'enfants,
Doux comme des hautbois, verts comme les prairies,
– Et d'autres, corrompus, riches et triomphants ».

Un astrophysicien, Aurélien Barrau, témoigne, pour sa part, de la nécessité de « penser à partir du commun », en ces temps troublés, où règne un désordre sans nom dans la nature, du fait

---

32 G. Enders, *Le charme discret de l'intestin*, Actes Sud, 2015, pp. 180-181
33 J. Malaurie, *Les derniers rois de Thulé*, Plon, 2002, notamment pp. 110, 258, 526, 568, 584, 714
34 *Ibid*, p. 647
35 *Ibid*., p. 584

des excès consuméristes. L'initiative « ne peut venir ni des philosophes, ni des artistes, ni des politiques. Pas même des scientifiques[36]. »

De son côté, Fabienne Verdier, peintre, passionnée de calligraphie, qui passa des années en Chine, où elle rencontra des artistes rejetés par la Révolution culturelle, fut initiée par un maître, Huang Yuan, à l'art des traits, qui sont à l'origine de la peinture chinoise. Il lui enseigna l'attitude du corps dans l'acte de peindre : « Il s'agit de prendre conscience de la pesanteur et de la gravitation universelle, le pinceau devenant alors un véritable pendule, un lien entre l'univers et le centre de la Terre. Il m'a enseigné l'attitude du corps : les deux pieds fermement ancrés à terre pour se nourrir des énergies du sol. Je devais m'entraîner à rester bien droite pour que le courant d'énergie entre le Ciel et la terre passe à travers moi. Devais-je me transformer en paratonnerre pour capter les forces telluriques ? Et ce n'était pas une blague ! L'idée peut paraître simple, mais elle n'était certes pas facile à pratiquer. J'étais perdue et loin de penser que pour manier un pinceau et inscrire un trait sur une feuille blanche, il fallait avoir compris intuitivement les grandes lois de la physique fondamentale[37]. »

Le rapprochement entre théorie physique et corps humain en appelle un autre, suggéré par le mot *physique*. En effet, il souligne une heureuse ambivalence en français du fait d'être employé au masculin et au féminin : la physique, venons-nous de voir, rencontre ici le physique de nos personnes, lequel signifie non seulement leur aspect, mais aussi leur corps. Fabrice Luchini y fait penser quand il évoque la place de la langue française dans sa vie : « C'est une drogue qui demande beaucoup d'attention préalable. Pour bien restituer ce qui est

---

[36] A. Barrau, *Le plus grand défi de l'histoire de l'humanité*, Michel Lafon, 2020, p. 211

[37] F. Verdier, *Passagère du silence - Dix ans d'initiation en Chine*, Le Livre de poche, Albin Michel, 2019, p. 108

écrit, il faut d'abord bien l'écouter, le comprendre intellectuellement autant que physiquement[38]. »

Des sciences dites exactes sont donc, en quelque sorte, à visage humain. Plus que cela encore, Démocrite, un philosophe grec des Ve - IVe siècles avant notre ère, croyait à l'existence d'un accord entre les objets et nos sens, par la vertu de substances minuscules émises par les objets, et agissant sur ces derniers. La foi juive offre également un rapprochement en déclarant une relation entre l'univers et l'homme, grâce au sabbat. En effet, le sabbat, le septième jour de la semaine, « intègre le cosmologique dans le domaine de l'humain », selon Benjamin Gross[39], éminent représentant de la pensée juive contemporaine : nature et action humaine dans l'histoire se rejoignent. Ainsi, en *Genèse*, dont l'écriture remonte très probablement aux VIe -Ve siècles avant Jésus-Christ, le septième jour est un jour de repos pour Dieu, suite à son œuvre créatrice, lors des six jours précédents. Il constitue aussi le point de départ des sabbats semainiers, où l'homme arrête tout son travail, contemple l'œuvre de Dieu dans l'histoire du peuple et « la poursuite du processus créationnel que Dieu lui a confiée ». L'homme reconnaît ainsi une compétence qui lui a été conférée. Il participe de la sorte au processus créateur qui gouverne l'univers, et se reconnaît donc présent partout où il œuvre.

Parce que ces sciences ambitionnent d'atteindre l'ensemble du réel physique, où qu'il se trouve dans l'espace, une question surgit : Et si l'univers était, lui aussi, à visage, à taille humaine ? Formule étrange, à première vue narcissique et même arrogante, car elle semble nier l'existence du monde environnant[40]. En d'autres termes, jusqu'où l'homme est-il capable d'être

---

38 F. Luchini, Sud Ouest, interview, 06-10-19

39 B. Gross, *Shabbat*, 2020, L'éclat/poche, pp. 13, 27

40 La pensée de phénomènes aérospatiaux non identifiés dus à de supposés extraterrestres sera abordée plus loin.

représentatif de l'univers ? Ne sommes-nous pas, en fait, appelés à étudier, scruter, contempler, admirer notre environnement, les minéraux, les bactéries, les végétaux, les animaux, le monde sidéral, bref, l'univers, comme faisant partie intégrante de notre identité ? Il est significatif que la recherche contemporaine s'active sur des interrogations fondamentales qui nous concernent : d'où viennent l'eau sur Terre et les molécules du vivant ? D'astéroïdes, de comètes ? Les réponses sont loin de faire consensus. Hubert Reeves voyait déjà l'homme « poussière d'étoiles ». Mais observons la langue française, qui nous habite. Elle nous parle !

L'HOMME, CHEZ LUI

Un univers en quelque sorte à visage humain, à taille humaine, comme nous l'avons avancé, inspire dans la langue française une remarque. La langue nous fait dire, en effet, avec un grand naturel : *Je suis chez moi* ou, de tel ou tel, *Il est chez lui.* Formules étranges, car en italien, en espagnol, en allemand, en anglais, en néerlandais, en roumain, en portugais, en basque, en polonais, en grec, en latin, en hébreu, en arabe, et d'autres langues encore, il se dit à la place : *Je suis à la maison* ou *Il est à la maison.* Le Français, suppose donc sa présence à un paysage, et peut déclarer sans sourciller « devant » lui : *Je me sens chez moi.* Aucun Français ne sera choqué. Il se fond donc spontanément avec les paysages. Il les égale. L'homme est donc, alors, à entendre comme étant partout chez lui dans l'univers. L'homme, si malade aujourd'hui dans son individualité vidée de sens anthropologique, est donc à reconnaître en solidarité intime de chacun avec l'univers.

Plus généralement, l'homme est appelé à se voir la mesure de toute chose, si vaste soit-elle. Ainsi, il sait depuis la fin des années 1920, grâce à un astrophysicien, Hubble, que l'univers est en expansion. Il a une idée du nombre de galaxies qui peuplent l'univers et du nombre d'étoiles. Il se fait quelque souci, cependant, à la pensée de l'élucidation de l'existence, non encore établie, d'une matière noire et d'une *énergie noire*. Il a été constaté, en effet, que la vitesse des astres autour du centre de leur galaxie – la nôtre est la Voie Lactée – est beaucoup plus élevée que celle tirée de la loi de gravitation universelle de Newton[41], et qu'une masse noire ou sombre, cachée, devrait en être la cause, bien, que son existence donne lieu à contestation. Cette matière empêcherait les galaxies de se disperser, et assurerait donc leur cohésion. Concernant, maintenant, l'énergie noire, contrairement à la masse noire, elle aussi cachée, elle agirait comme une force répulsive expliquant la formidable expansion de l'univers. Cependant, sa valeur donne lieu à des chiffres qui ne font pas l'unanimité, et donc interrogent sur le bien-fondé de cette énergie. Les deux conditionnels du présent propos impliquent, en fait, une question sur la loi de gravitation de Newton : doit-elle être reconsidérée[42] ? Réponse en suspens…

En outre, l'homme a une grande idée en tête : remonter jusqu'à ses origines et les atteindre même. Seulement, pour mûrir jusque là, il lui faut d'abord un environnement culturel *proche*, car la vie aime à commencer petit, grâce à une base capable de lui assurer l'apprentissage d'un commun nécessaire, la foi en une cohésion suffisante, avec une amorce de mûrissement pour s'engager au-delà. Ce patrimoine, toujours nourricier qui l'habite, telle une Voie Lactée, si présente, est reconnu apte à ouvrir l'homme sur d'immenses horizons qui allument chez lui une énergie cachée générant une formidable

---

[41] D. Elbaz, *À la recherche de l'univers invisible*, O. Jacob, 2016, p. 40

[42] F. Combes, astronome, membre de l'Académie des Sciences, professeure au Collège de France, in *Sciences et Avenir*, mars 2019, p. 36

poussée vers le plus grand large de l'univers. Cette ambition, très humaine, s'est donnée à lire en mai 2019, grâce à des conditions météo exceptionnellement favorables, sur des images hallucinantes d'une colonne dense d'alpinistes bloquée au voisinage du sommet de l'Everest pour cause d'embouteillage ! Qu'est-ce donc qui pousse de plus en plus d'humains à vouloir grimper là-haut ? On imagine les selfies qui furent pris en signe de victoire, histoire de montrer que j'ai vaincu le plus haut sommet, et donc qu'il m'appartient. Cette soif se retrouve devant le succès promis de voyages touristiques proposés vers la lune, en attendant plus fort encore. Mais la covid-19 serait-elle de taille à semer le doute sur ces aspirations ?

Les *trous noirs* font également parler d'eux depuis 1865, en référence à *Alice au pays des merveilles*, de Lewis Carroll. Il s'agit de corps tellement lourds et denses que leur pouvoir d'attraction est massif au point que la lumière passant à proximité, et soumise à la courbure de l'espace-temps décrit par Einstein, se trouve elle aussi captée. Réputés impossibles à photographier, puisqu'ils absorbent entièrement la lumière, sans donc la renvoyer, leur côté plus que sombre, noir, s'ajoute aux deux énigmes de la masse sombre et de l'énergie noire. Mais voici que le 10 avril 2019, formidable nouvelle : un trou noir, dont la masse vaut 6,5 milliards de fois celle du soleil, est déclaré avoir été *vu* par contraste, grâce à la matière qui l'entoure dans la galaxie M 87, à 53 millions d'années-lumière, et à un télescope géant composé lui-même de 8 radiotélescopes dispersés sur la surface de la Terre, mais coordonnés ; l'ensemble constituant un télescope dont le miroir est équivalent à celui dont le diamètre serait de 12 000 km. L'astuce des astrophysiciens fut de tabler sur une limite : une perception aussi faible que possible des particules de lumière, les photons, dans leur dernière approche, juste avant d'être absorbés par le trou noir. Jean-Pierre Luminet, un astrophysicien français et un des premiers à les avoir pensés, avait réussi à en faire un dessin en 1979, grâce au calcul. Il ne croyait pas avoir la chance d'en observer un, de son vivant.

D'autres scientifiques avaient annoncé que les trous noirs étaient susceptibles de déboucher sur des univers dits parallèles[43]. En relation avec cela, Didier Van Cauwelaert, déjà cité, évoque des expériences de communication bluffantes, pour le moins troublantes, avec des défunts réputés en communication, grâce à des médiums[44]. Selon ces derniers, les défunts concernés étaient des scientifiques d'immense renom : Tesla et Einstein. Et voici que ces deux scientifiques s'étendent avec ces médiums en apportant des précisions sur l'existence de phénomènes qui échappent encore à la physique. Ils témoignent de la sortie de trous noirs et de l'apparition d'autres trous… blancs, ayant pour caractéristique de déboucher sur des ailleurs de vie. Van Cauwelaert se demande, au contact de Jean-Pierre Luminet, si « la mort n'est pas un trou noir qui, par un trou de ver (peut-être ce fameux tunnel lumineux des NDE, entrevu par les patients réanimés après une mort clinique) se connecterait à la pensée de certains vivants compatibles[45]. » Van Cauwelaert se revendique cartésien, et tout en confessant des doutes, cultive, pourtant, une surprise tenace, au contact élargi, avec d'autres scientifiques, dont deux physiciens[46], Thibault Damour et Trinh Xuan Thuan. On ne peut s'empêcher ici de faire mémoire de confidences reçues de personnes déclarant avoir été au contact de défunts. Des temps de vie réputés différents se trouveraient ainsi unis, amenant à penser que le temps de nos horloges peut être dépassé, jusqu'à rendre présentes des personnes réputées appartenir exclusivement au passé.

Ces dépendances entretenues avec des ailleurs, ne sont pas les seules. Ainsi, être né sous une bonne étoile, ou une heureuse

---

[43] D. Elbaz, *op. cit.*, pp. 92-93

[44] D. Van Cauwelaert, *op. cit.*, pp. 297-298

[45] *Ibid.*, p. 160

[46] *Ibid.*, pp. 127, 137, 140, 305

constellation, ou être dans une mauvaise lune, sont une manière de parler, mais aussi, pour certains, de reconnaître une dépendance vis-à-vis du ciel. Saint Thomas d'Aquin, théologien du XIIIe siècle, à une époque où l'astrologie n'était pas dissociée de l'astronomie, reconnaissait l'influence du soleil et de la lune sur la nature, mais n'acceptait pas l'influence des autres astres sur l'homme, car elle empêcherait son libre-arbitre. La thèse que nous défendons, plaide, nous l'avons vu, pour un univers à taille humaine, donc soumis à des influences humaines. Elle élimine ainsi l'astrologie, en acceptant l'influence du divin et plus particulièrement d'êtres spirituels, les anges, selon le judaïsme, le christianisme, et l'islam. François Jacob a des mots étonnants sur la découverte qui lui vaudra le prix Nobel de médecine. Ainsi, lorsqu'il éprouve « une impression de force aussi, de puissance. Comme si j'avais gravi une montagne, atteint un sommet d'où je découvrirais au loin un immense paysage qui s'offrait. Je ne me sens plus ni médiocre ni même mortel[47]. »

Nous nous sommes étendu sur l'homologie, mais « homo », ce terme qui signifie l'identité en latin – ici, celle des lois entre deux domaines –, nous pouvons donc l'entendre également et simultanément comme *homo sapiens*, puisque l'homme contient en puissance l'univers.

ET LES ANIMAUX, ALORS ?

Les propos que nous avons tenus semblent faire l'impasse totale sur le monde animal. L'homme serait-il donc narcissique et arrogant ? La thèse que nous avançons s'en distingue absolument, comme nous allons le voir. Précisons auparavant

47 F. Jacob, *La statue intérieure*, O. Jacob, 1987, p. 332

que nous n'entrons pas dans l'opposition entre spécisme, plaçant l'espèce humaine à part du monde animal, et antispécisme, qui affirme l'appartenance intégrale de l'homme au monde animal, car ces notions nous semblent aujourd'hui insuffisantes.

Comment ne pas être ému à la pensée de ces chiens médiateurs au contact d'enfants qui ont des troubles comportementaux, et les aident à grandir[48] ou de personnes en Ehpad, bien seules, et de Peyo, ce cheval révélé par Hassen Bouchakour [49], rempli de compassion envers des personnes en situation de faiblesse, jusqu'à stupéfier les soignants devant son aptitude à « poser son museau sur la main d'un résident, sa tête au creux d'une épaule » ! Il va jusqu'à connaître les chambres des malades où aller, et reste devant la porte tant qu'elle n'est pas ouverte. Le personnel reste bouche bée devant le phénomène, et ne trouve pour l'instant aucune explication. De son côté, Laure de Clermont-Tonnerre, aidée de Robert Redford, réalisateur et acteur du film *L'homme qui murmurait à l'oreille des chevaux*, a tourné un film, *Nevada*, racontant l'histoire d'un détenu sauvé par le dressage d'un cheval. Semblablement, Bartabas tient des propos étonnants, lorsqu'il parle de l'expression des chevaux au cirque : « Sans le cheval, je serais inapte à la relation avec les humains. Il me calme, m'oblige à l'écouter, à me centrer, à avoir confiance en moi. […] Je crois, par notre échange, lui avoir enlevé un peu de son animalité. […] Au terme d'une vie de réflexion partagée, le cheval peut devenir un sage, un maître zen. C'est cela entrer dans son animalité : lui en enlever une part, tandis que, par ce même mouvement, elle pénètre en moi et me conduit à respecter mon propre instinct, à suivre mon inspiration au lieu d'en douter[50]. » Il éprouve, en même temps, que le cheval crée un rapport particulier avec le public : il lui parle d'humanité. Il

48 http://lesanimaliens.org

49 H. Bouchakour est à l'origine de l'association *Les sabots du cœur*.

50 Bartabas (C. Marty) in *Sciences et avenir*, Hors-série, oct.-nov. 2018, pp. 76-77

s'en nourrit aussi : « Les chevaux sont carnivores. Ils ont dévoré ma vie, et tout y est passé. »

Les fruits tirés de la présence animale vont très loin, jusqu'à devenir chez certains une condition de l'accomplissement humain. Ainsi, Emmanuel de Waresquiel, historien et spécialiste de l'histoire des idées au XIXe siècle, racontant sa visite à un manège, voit au centre du cercle le *33ème Grand Dieu* du Cadre Noir de Saumur, le colonel de Beauregard, et dans le cercle « un grand cheval bai brun le saluant », au « pas rassemblé ». Pas de longe, ni de chambrière entre les deux, ni rien de raide de la part de l'écuyer. Apprenant la mort de ce dernier, une dizaine d'années plus tard, Waresquiel pense spontanément à un autre écuyer, le commandant Gardefort, d'un roman, *Milady*, de Paul Morand, lors de sa dernière montée : « Dans la cour vide, un cheval et un homme tournant sans bruit, rasant les murs et au pas […]. Le cavalier, raidi, contracté, se tenait droit comme s'il se présentait devant Dieu […]. On eût dit qu'un même malheur les touchait, tant l'âme du cavalier semblait avoir passé dans le corps de son cheval[51]. »

De son côté, dans son roman *180 jours*, Isabelle Sorente dresse le bilan de ce qui se passe dans l'élevage intensif d'une porcherie, où les animaux, dont la durée vie est strictement fixée à 180 jours, restent agglutinés en permanence les uns contre les autres, sans jamais voir le soleil. Leur mise à mort est provoquée par gazage ou avec une électrode placée sur chaque œil et une décharge de 600 volts. Mais il arrive que cette dernière ne suffise pas ; ce qui aggrave encore le processus de mise à mort. Il arrive encore, du fait de malformations congénitales ou de blessures, que la mort de porcelets soit provoquée chez en cognant leur tête sur un mur ou avec un pistolet à tige perforante, censé détruire l'encéphale ou perforer la boîte crânienne. L'exécuteur, dans cette histoire, rompu à la pratique de la besogne, finira par ressentir un dégoût

[51] *La Croix*, 18 juin 2019, p. 28

insupportable, qui le forcera à quitter son emploi. Il en viendra, dans la porcherie et sous l'effet de paires d'yeux devenus immenses, qui le fixent, ayant deviné ce qui les attend, à lâcher ces mots : « Les porcs sont pleins d'une chose humaine, bien qu'ils ne soient pas des hommes[52]. »

Le philosophe Baptiste Morizot offre, de son côté, une réflexion très originale sur la découverte des comportements de meutes de loups, de brebis, de chiens de bergers, la nuit, grâce à des caméras thermiques qui révèlent des relations subtiles, lequelles ne se réduisent pas à des comportements de prédateurs, de victimes et de violents. Cette réflexion appelle à une lecture propre à alimenter une réflexion politique entre humains. L'auteur en vient à déclarer que nous avons désormais à traiter « de vivant à vivant. Et plus d'*Homme* à la *Nature* […] Ce dont il s'agit ici, ce n'est ni plus ni moins qu'une transformation de notre compréhension de nous-mêmes[53]. » Nous avons à nous reconnaître interdépendants, alors que notre culture occidentale, martèle-t-il, a opposé la personne humaine au cosmos[54]. Il doit dorénavant être fait appel à la « sensibilité la plus vibratile », la plus corporelle, débordant le monde animal, la plus attentive « au grain exact de la peau d'un tremble, de l'écorce d'une rivière, du courant d'un nuage, du mouvement d'une forêt[55]. » Une sensibilité originelle sur laquelle appuyer l'intelligence sous sa forme la plus rigoureuse du raisonnement est à l'œuvre[56]. Bonjour Einstein ! De tout cela, nous aurons à reparler encore plus loin.

Les grottes de Lascaux, de Chauvet, de Cosquer ou d'Altamira donnent de respirer également un autre air. Elles ont ceci de remarquable que leurs peintures représentent des

---

[52] I. Sorente, *180 jours*, folio Gallimard, 2019, p. 342

[53] B. Morizot, *Manières d'être vivant*, Actes Sud, 2020, p. 271

[54] *Ibid.*, p. 284

[55] *Ibid.*, pp. 140-141

[56] *Ibid.*, p. 140

animaux vivant en plein air. Une intériorisation, au sens fort, en suggère une autre : une intégration, comme si les hommes – ici, des chasseurs – éprouvaient viscéralement le désir d'approcher ce monde, de le saisir et d'en vivre. Le caractère comestible ou non de ce monde est, sans doute, à prendre en considération, mais vient s'ajouter le fait qu'il est sauvegardé dans le noir, l'obscurité, comme s'il nous était suggéré que ce monde est à intégrer dans le monde intérieur de notre humanité. En outre, une marque commune semble caractériser ces peintures, témoignant d'une faculté humaine, innée, d'intérioriser justement ce monde du dehors, de se le rendre intime. Seulement, ces grottes ne figurent-elles pas, plus encore, la prise de conscience d'un invisible et d'un cheminement humain ? Il s'agirait alors de la rencontre d'un lieu qui ouvre sur des fécondités rêvées, et témoigne d'une démarche de ce que je suis et, conjointement de ce que nous sommes inséparablement.

Dans le même mouvement, et comme par réflexe, un célèbre tableau de Gustave Courbet, intitulé *Les origines du monde*, n'entraîne-t-il pas à penser que la vie humaine fécondée en la femme est symboliquement figurée dans les grottes, plus encore jusque dans les profondeurs de l'univers, puisque l'humain, plaidons-nous, est à la taille de l'univers ?

L'arrogance, dénoncée plus haut avec le narcissisme, a été nourrie dans l'Histoire, d'une interprétation, apparemment justifiée de comportements humains, en Occident notamment, à partir d'une lecture biblique, du chapitre 1 de *Genèse*. En effet, le Dieu d'Israël laisse aux hommes une consigne : « Soyez féconds, multipliez, emplissez la terre et soumettez-la[57]. » Ce dernier verbe est fort ambigu, car il ignore que, selon les Amérindiens, la Terre est Mère, et que chaque année, avant de labourer les terres, les populations la prient de leur pardonner le mal qu'elles vont lui faire. Seulement, des corrections sont à

[57] *Genèse* 1, 28

apporter à cette conception. Les paysans des Landes, par exemple, vous diront que les sangliers font de plus en plus de dégâts, que les portées des laies sont, en moyenne, de six à huit marcassins, et se reproduisent deux fois par an. Par comparaison, les chevrettes n'ont qu'une portée par an, avec deux faons, en moyenne. Il est à noter aussi que l'argument faisant valoir que les chasseurs ont discrètement nourri des sangliers et portent donc la responsabilité de leur pléthore, appartient à un temps révolu depuis des lustres. S'ajoute le constat que les jeunes générations sont de moins en moins nombreuses à chasser le gibier, et que les chasseurs se posent avec inquiétude la question : « Qui sera chargé de l'élimination des sangliers, puisqu'il y a en a de plus en plus ? » Le confinement provoqué par le récent coronavirus, qui força les chasseurs à rester calfeutrés, interroge encore plus lourdement. Il demeure que le monde du vivant nourrit, à juste titre, notre émerveillement.

DE L'IMAGINATION À REVENDRE

Le monde animal, mais aussi le monde végétal nous inspirent à profusion. Ainsi, le biomimétisme, cette faculté des hommes à imiter la nature environnante, est devenu un domaine ordinaire de recherches – où, sans parler d'alliance, s'exercent de justifiées attirances humaines pour des performances effectives.

Le fameux adhésif velcro, inventé par George de Mestral, en est un célèbre exemple. Il rappelle les chardons qui s'accrochaient à nos vêtements durant les grandes vacances, au temps des jeux de notre enfance. Plus fort encore, les ours se montrent capables de sortir à l'instant d'une hibernation de sept mois sans avoir rien perdu de leurs muscles, et de courir aussitôt sur une proie[58]. Voilà qui donne à penser à ceux qui ont été opérés d'une prothèse, et se voient obligés de vivre une patiente rééducation musculaire ! Ou encore : un ver marin, l'*Arenicola marina*, connu des pêcheurs bretons, a une hémoglobine capable de lier 40 fois plus d'oxygène qu'une hémoglobine humaine. Découverte par Franck Zal, docteur en biologie marine, elle fait envie lorsqu'il s'agit de préserver un organe, car le temps permis entre son extraction et sa transplantation se trouve considérablement augmenté[59].

La chimie verte, aussi, offre un bel exemple avec le *taxol*, un produit des ifs américains. Mais leur production était cependant si faible que la chimie de synthèse a dû prendre le relais ; ce qui a permis de sauver à la fois des femmes atteintes du cancer du sein et… l'if américain qui aurait alors disparu[60].

La pharmacopée des chimpanzés, également, illustre l'intérêt de l'homme à leur sujet. Ainsi, des molécules potentiellement capables de soigner le paludisme ou des cancers ont-elles été découvertes, grâce à eux, familiers des plantes, pour se soigner contre la toux, les parasites digestifs, les diarrhées[61], etc.

Un large domaine couvre également des applications touchant à l'examen de comportements collectifs, de relations dynamiques entre le local et le global. Un exemple spectaculaire est donné par les vols d'étourneaux, capables de se coordonner par milliers, sans jamais se toucher. Comment font-ils pour manœuvrer ainsi ? La réponse, semble-t-il, est dans les plus proches voisins[62]. Nul besoin de leader, ni de téléphone à grande portée ; il en va de même chez les abeilles. Le minuscule leur va bien, et il porte loin, pourtant, car il suffit à assurer la

---

[58] E. Pouydebat, *Quand les animaux et les végétaux nous inspirent*, O. Jacob, 2019, pp. 121-122

[59] *Ibid.*, p. 114

[60] Sous la dir. de F. Chauvière, S. Sarrade et alt., « La chimie verte, gardienne de la terre », in *Les promesses de la science*, Flammarion/France inter, 2019, p. 214

[61] S. Krief, *ibid.*, « Les grands singes n'ont pas fini de nous étonner », p. 151

[62] G. Theraulaz, *ibid.*, « L'intelligence des insectes au service de l'homme », pp. 134-135

cohésion de l'ensemble. Les fourmis, également, livrent un type de processus à l'œuvre. Une expérience éclairante, en effet, consiste à connecter leur nid à une source de nourriture accessible par deux ponts, un long et un court. Exemple avec une seule fourmi : elle choisit l'un ou l'autre, sans connaître le plus court. À son retour vers le nid, elle dépose sur son parcours des phéromones, ces substances chimiques que les fourmis laissent lors de leur cheminement. « Comme elle revient plus vite au nid en choisissant la piste courte, l'information en phéromones va grossir plus rapidement sur elle que sur la piste longue, au fil des passages[63]. » Ainsi, la première sera-t-elle plus prisée, alors que l'autre perdra avec le temps la trace de phéromones, du fait de son évaporation.

Mais nous retrouvons encore les fourmis avec un problème humain hautement stratégique de recherche opérationnelle, celui du transport de marchandises vers un ensemble de villes, en se demandant comment trouver, par économie, le chemin le plus court, sans passer deux fois par la même. Il s'est avéré que les fourmis n'ont pas la solution la plus aboutie, et qu'elles se trompent. Cependant, des expériences – on parlera alors de bio-inspiration, et non plus de biomimétisme – ont été effectuées avec des fourmis virtuelles, par voie informatique. Elles ont été dotées, outre de phéromones, de deux capacités supplémentaires qui excèdent la connaissance du local, mais sans couvrir le global : la mémoire des villes déjà visitées et l'estimation des distances avec les villes non encore visitées, à partir de la ville où elles se trouvent. Le résultat s'est révélé concluant, au point que des compagnies de transport s'inspirent directement de ce comportement.

Les termitières offrent, de leur côté, des techniques de construction qui inspirent des architectes, ébahis devant ces *bâtiments*, lesquels, très curieusement, ne sont pas le fruit d'un

---

[63] *Ibid.*, p. 125

projet global a priori, mais inspirent les travaux des ouvrières bâtisseuses, à partir des traces laissées par leurs devancières[64].

Nous aborderons plus loin un biomimétisme très spécial puisqu'il s'applique à un domaine, ô combien ambitieux, le cerveau de l'homme, grâce à la technologie informatique, qui s'exerce à imiter les réseaux de neurones, à couches multiples, du cerveau humain, et à effectuer en parallèle, simultanément, des opérations. L'homme se livre ainsi à un auto-biomimétisme, avec ce résultat qu'il reste encore beaucoup plus doué que sa copie, bien que l'*Empire* du numérique commence à mériter ce nom.

Ailleurs, signalons les recherches sur les xénogreffes, ces transplantations d'une greffe de valve aortique du porc sur des humains, voire d'un organe entier, et la similarité reconnue du pancréas du porc avec celui de l'homme, qui a permis au moyen de bactéries génétiquement modifiées la production d'insuline au bénéfice des diabétiques[65].

Importante question, maintenant : Comment se fait-il que le transhumanisme dans sa version la plus extra-humaine donne congé à la nature, alors que celle-ci fourmille d'astuces, devenues innées à force d'évolution, et douée de capacités adaptatives, qui soulignent notre ignorance, et devraient susciter curiosité et humilité de notre part ? Durant des siècles, l'Occident, sûr de ses techniques, a réduit dans sa suffisance la nature à son exploitation, jusqu'à défigurer le monde rural, lui faire oublier une sagesse léguée par tant de générations. Et s'il devait s'avérer que la concurrence victorieuse au transhumanisme devait advenir grâce au biomimétisme et à la bio-inspiration ? À condition que les manipulations génétiques n'en arrivent pas à semer la confusion sur notre identité…

---

[64] *Ibid.*, p. 133

[65] E. Orsenna, *Cochons - Voyage au pays du vivant*, Fayard/Stock, 2020

DES CONSTANCES QUI NOUS PARLENT

Le mot *nature* est riche de nombreuses acceptions. Ainsi, chez l'homme : 23 paires, sauf exceptions, de chromosomes, 2 longues chaînes en spirales, reliées par des *barreaux*, dont les spécialistes nous disent qu'ils sont constitués de 4 bases nucléiques, faisant intervenir 20 types d'acides aminés. Plus prosaïquement, la température ordinaire d'un corps humain avoisine 37 degrés, et la fièvre ressentie, à partir de 38 degrés environ. L'eau bout à 100 degrés Celsius, au niveau de la mer, mais s'abaisse considérablement en montagne. La preuve : si vous voulez y faire cuire des spaghettis pour vos amis, vous verrez le temps que ça prend… Le ciel nous gratifie, chaque année, au mois d'août, d'étoiles filantes, les Perséides, ces poussières célestes, fidèles au rendez-vous, et il nous gratifie à longueur de nuits de constellations d'étoiles, comme apparentées et aux noms de rêves : Pégase, Cassiopée, Andromède, la Grande Ourse et la Petite Ourse, …

Un ami m'envoie un document qu'il avait lui-même reçu par courriel : « Comment fonctionne votre pied droit ? Sait-il obéir à votre cerveau ? Vous devez essayer, cela vous prendra deux secondes. Je ne pouvais pas le croire moi-même ! C'est un exercice proposé par un chirurgien orthopédique… Cela effraiera votre esprit, et vous voudrez le refaire encore et encore pour éviter que votre pied ne se dirige dans la mauvaise direction, mais cela ne marchera pas. Il est préprogrammé dans votre cerveau.

« Et voici l'exercice. Pendant que vous êtes assis derrière votre ordinateur, soulevez votre pied du sol et faites des cercles dans le sens des aiguilles d'une montre. Maintenant, alors que votre pied est occupé à tourner, dessinez le chiffre 6 avec la main droite, de la manière habituelle (i.e. dans le sens inverse des aiguilles d'une montre), et regardez : votre pied changera de direction.

« Je vous l'ai dit ! Et vous ne pouvez rien y faire ! Vous et moi savons à quel point c'est stupide, mais avant la fin de la journée, vous continuerez à essayer sans résultat... si vous ne vous êtes pas déjà arrêté. »

Que nous le voulions ou non, ce résultat est naturel. Il existe donc une loi, parce qu'attachée à un réflexe. La loi naturelle – tel est son nom – a plus d'un tour dans son sac. Mine de rien, elle est plus forte que vous, et se montre capable de vous prendre en contradiction avec vous-même. Seulement, elle a mauvaise presse chez nous. L'Église en nombre de ses représentants y fut pour quelque chose, et à cause d'eux n'est certes pas à l'abri d'erreurs. Ses sources tirées du Premier Testament ont manifestement une part de responsabilité.

Malgré ces excès, ne sommes-nous pas arrivés à une époque où des frontières doivent être reconsidérées, tant des curiosités se révèlent et amènent à ouvrir des portes sur des indices qui interrogent ? Sans doute, la prudence doit-elle rester de mise. Mais rien n'interdit de faire état de curiosités. D'abord, la vie ne peut se fonder uniquement sur des aléas. La raison humaine table sur le hasard, mais aussi sur la nécessité. Le fixe donne de l'aplomb – les constantes universelles entrevues plus haut le suggéraient déjà. Seulement, il n'est pas de vie sans risques, d'ailleurs pas toujours calculés ou calculables, comme un mathématicien le découvrit avec l'indécidable, ainsi que nous l'avons remarqué. La mobilité nous réquisitionne, avec cette particularité que la marche nous habitue à perdre l'équilibre, mais pour le rattraper naturellement aussitôt. Les épreuves sont, un jour ou l'autre, au rendez-vous, et des mistrals gagnants, chers au chanteur Renaud, réputés impossibles, d'un coup se révèlent. Des vérités crues dépassées ou fausses se montrent profondes.

Par ailleurs, notre ADN, au moment de sa découverte, était censé suffire à nous identifier, mais l'épigénétique nous a appris par la suite l'incontournable existence d'une modulation des gènes par l'environnement[66]. La sexualité, à ce propos, a ce génie de créer à la fois du fixe et du variable ; les deux géniteurs, fournissant, chacun, la moitié du patrimoine génétique à sa descendance ; ce qui entraîne l'éclosion d'une vie originale. Cependant, Anne Dambricourt-Malassé, chercheuse du CNRS au département de Préhistoire du Muséum d'Histoire naturelle de Paris, a démontré qu'existent dans l'ADN des constances mémorisées, que « notre bipédie n'est pas liée à un changement de milieu, mais à une logique interne propre aux gènes de nos ancêtres qui agissent au cours du développement en les redressant, et qui se répète. » Elle nuance ainsi, comme d'autres, le darwinisme et sa descendance, en ajoutant que « il aura fallu vingt ans pour que l'on en parle[67]. » Elle souligne également qu'elle ne s'est appuyée dans sa recherche en rien sur l'idée d'un « dessein intelligent » qui donnerait à croire à une intelligence suprahumaine à l'œuvre. Le paléontologue Simon Conway Morris documente, de son côté, l'apparition, plus de cent vingt fois, de la photosynthèse « de manière relativement indépendante de l'évolution », alors que la synthèse chlorophyllienne semblait une apparition unique, exceptionnelle dans l'évolution. L'auteur avance un résultat semblable pour l'œil et l'intelligence[68].

Maintenant, pourquoi notre cerveau reste-t-il si souvent, illogique et irrationnel dans ses décisions, tout au long de sa vie, quel que soit notre niveau intellectuel, comme nous allons le voir ? Ainsi, il est avéré que le striatum, tel un dictateur dans le cerveau, pousse à la gratification primaire, flatte le penchant à « trouver de la nourriture, des partenaires sexuels, se procurer un statut social, acquérir du territoire et des informations permettant d'augmenter sa survie, le tout en dépensant le moins d'énergie possible[69]. » C'est pourquoi, il est si difficile de lui

---

[66] Expression de Joël de Rosnay

[67] *Le point*, 5 août 2010

[68] B. Morizot, *op. cit.*, p. 162

[69] S. Bohler, *Le bug humain*, Robert Laffont, 2019, p. 38

résister comme s'il y avait un défaut ancré, depuis des origines, dans le cerveau, comme nous le verrons aussi.

La musique fait également parler d'elle. Ainsi, quel que soit le type de musique : occidental, oriental, blues, jazz ou classique, des récurrences indépendantes du style se donnent à remarquer dans les fréquences du son[70], et qui autorisent la nouveauté.

Par ailleurs, des langues donnent l'impression que leurs locuteurs parlent plus vite que dans d'autres langues. Ainsi, en va-t-il du japonais et de l'espagnol. Mais, à ce propos, une étude menée sur 17 d'entre elles a montré que certaines ont besoin de davantage de syllabes pour un contenu d'informations donné, si bien qu'au total il s'avère que le débit d'information est le même chez toutes, avec un rythme de 39 bits environ par seconde[71].

Les exoplanètes, à leur tour, font parler d'elles depuis des années : des milliers ont été découvertes à ce jour, reconnaissables et retenues en fonction de leur ressemblance avec la Terre, à partir de la taille et de la distance moyenne à leur étoile, baignées, en outre, de vapeurs d'eau, avec des zones où il ne fait ni trop chaud ni trop froid, et où il y a de l'eau liquide. Ajoutons que E.T., le Martien, n'inspire plus les Terriens, tant sa planète se décline définitivement au passé, confirmé par les robots expédiés sur place et habilités à scruter le sol. Pourtant, des Terriens rêvent, à l'horizon des années 2040 -2050, d'un séjour sur Mars. Après la Lune, à refréquenter, viendra l'étape d'une arrivée sur elle. En vérité, devant l'immensité du ciel (au bas mot, dans les 300 milliards de galaxies, contenant chacune de 100 à 200 milliards d'étoiles) nous mesurons la modestie de l'entreprise. Mais un domaine concurrent du précédent, et en sens contraire, apparaît avec le *frôlement* prétendu de notre planète, aux dires de certains, opéré par des visiteurs discrets,

---

[70] S. Hossenfelder, *Lost in maths - Comment la beauté égare la physique*, Les belles Lettres, 2019, pp. 113, 146

[71] *Sciences et Avenir*, octobre 2019, p. 15

dont l'existence soulève d'immenses questions qui nous heurtent frontalement, car la physique que nous pratiquons nous rend inaptes à la comparaison de nos performances avec les leurs. Nous nous approchons ici de la science-fiction qui donne libre cours à l'imagination, mais qui, d'un autre côté, nous plonge, pour le coup, dans une inconstance sans borne.

À ce propos, un ouvrage intitulé *Phénomènes aérospatiaux non identifiés*[72], paru en 2007, n'a rien d'un canular. Plusieurs signatures, bien repérées de personnes réputées au-dessus de tout soupçon, l'accompagnent. Le titre est prudent : le lecteur, en effet, ne lit pas le mot *objets*, mais l'ouvrage déclare faire référence à des milliers de témoignages d'observateurs, en France comme à l'Étranger. Il s'en dégage que des cas « vraiment très étranges », sans aucune explication, représentent 1 à 2% du total des dossiers étudiés. Les témoignages sont rapportés par des pilotes d'avions, civils, mais aussi militaires, fortement représentés[73], des mécaniciens navigants, contrôleurs aériens et personnes au sol. Ces phénomènes, repérés par le sigle PAN – phénomènes aérospatiaux non identifiés – ont des caractéristiques apparemment stupéfiantes. Des dizaines de minutes de présence n'ont rien d'exceptionnel, et des vitesses extrêmement variables sont enregistrées sur les radars, avec des ruptures directionnelles immédiates. Un silence très généralement remarqué et des effets de souffle négligeables les caractérisent. Plus fort encore : des interactions, parfois, avec les avions, comme si ces *objets* interprétaient instantanément le comportement des pilotes : l'avion chasseur envoyé pour l'interception se trouvant, par exemple, lui-même chassé à son tour, avec, parfois, des coupures de moteurs, de l'électronique temporairement neutralisée, voire de paralysies momentanées

[72] Y. Sillard (sous la dir. de), *Phénomènes aérospatiaux non identifiés*, Éd. le cherche midi, 2007

[73] *Ibid.*, pp. 90, 105 et suivantes, entre autres

de témoins[74]. Nombre d'observations ont impliqué plusieurs pilotes à la fois.

Un constat persistant de désaccords règne manifestement entre ceux qui s'ouvrent à une expérience rapportée, où leur raison trouve à réfléchir, et d'autres qui s'accrochent exclusivement au scientifiquement correct, établi, et pour qui la reproduction maîtrisée de l'expérimentation est la seule démarche digne d'intérêt. Un coefficient personnel partagé par un ensemble, mais pas avec tous, serait-il alors une condition d'accès aux PAN ? Faudrait-il y être prédisposé comme certains le sont à telle performance ? Mais alors pourquoi cette faculté serait-elle inégalement répartie entre les humains ? Le sociologue Arnaud Esquerre émet un avis : il existerait une catégorie de l'expérience vécue qui ne serait ni subjective ni objective, un tiers exclu qui ne se laisse pas résorber par la description et qui se manifeste par l'incertitude imprégnant le récit de ce qui aurait été vécu[75].

De redoutables questions se poseraient, cependant, dans ces conditions, aux chrétiens. En effet, ils voient dans le Christ, le Dieu fait homme, qui a souffert la Passion pour sauver les hommes de la Terre, car un mal destructeur originel les imprègne, et ils ne peuvent en sortir par eux-mêmes. Seulement, si d'autres humains habitent ailleurs, sont-ils sujets aux mêmes conditions d'existence ? Mais alors, l'Homme-Dieu en personne, aurait-il dû naître encore et vivre la Croix ? Ou faut-il penser que ces hommes ont échappé au mal ? En outre, l'Église, vue comme le « Corps du Christ », pour reprendre une expression de saint Paul[76], se trouverait-elle alors débordée ou agrandie au-delà de ce qu'elle cherche ? Pour l'heure, rien ne permet d'avancer sur ce terrain.

---

[74] *Ibid.*, pp. 96, 102, 108, 109, 112, 127, entre autres

[75] A. Esquerre, *Théorie des événements extraterrestres*, Fayard, 2016, p. 214

[76] *Lettre aux chrétiens de Colosse* 1, 18, 24

ACTUALITÉ D'UNE MÉTHODOLOGIE MAJEURE TRÈS ANCIENNE

L'homme se reconnaît à son goût des performances : aller au bout de ses forces, le plus loin possible, le plus vite possible. Pour cela, il a besoin de se tester, de se confronter aux autres comme à la matière. Les jeux olympiques et autres coupes du monde en sont une illustration. Mais l'ambition se corse lorsque des raisons financières interviennent, et qu'il faut savoir jusqu'où mener une entreprise sans que des risques mortels ne surviennent. Ainsi, des risques apparaissent nécessairement avec la technologie. C'est la raison pour laquelle des laboratoires sont édifiés, en mécanique notamment, pour tester des pièces jusqu'à rupture, et que soit garantie leur bonne marche dans tous les cas de figures.

Il arrive encore, pour des raisons moins honnêtes, que la durée de vie d'appareils (machines à laver, réfrigérateurs, ordinateurs, etc.), soit programmée, sur cinq ans, par exemple. Dans les années cinquante du XXe siècle, la société du Pont de Nemours, qui venait d'inventer le nylon, se posa une question avec ce fil quasiment inusable : « Comment faire pour qu'il en soit autrement ? » L'obsolescence, cette usure calculée pour forcer la clientèle à changer d'appareils ou de vêtements, fait donc aujourd'hui partie de pratiques courantes, au point que des pannes mineures sont réputées disqualifier toute réparation. Mais il arrive aussi qu'un déclassement des appareils encore en état de marche survienne à cause d'une performance devenue insuffisante en raison d'un nouveau progrès. Le smartphone en est une illustration, avec la séduction d'être toujours branché. De façon générale, des disqualifications sont programmées pour la mort, ce maître-mot calculé, de nombre d'artefacts d'aujourd'hui, même si des sociétés de défense des consommateurs notent, ici ou là, des progrès en matière de durabilité.

L'expérimentation sur le monde animal donne à penser également, parce qu'elle manifeste étrangement la nécessité de pousser des tests jusqu'à la mort, et revêt donc une dimension sacrificielle. Cependant, un respect du monde animal est en train de s'éprouver au sujet des expérimentations pratiquées sur lui. Ainsi, Françoise Tristani-Potteaux, philosophe et spécialiste en sciences de la communication, écrit que s'il est un domaine dans lequel le chercheur est douloureusement confronté à sa conscience, c'est bien celui de l'expérimentation animale[77]. Le philosophe Patrick Llored ajoute qu'il existe « au cœur de la science contemporaine, quand elle cherche à comprendre cette vie, une dimension sacrificielle[78]. » Et Georges Chapoutier, neurobiologiste du CNRS, docteur en philosophie et militant de la cause animale, reconnaît l'animal comme « un être vivant doué de sensibilité ». Il avoue que dans les débuts de ses recherches il considérait les animaux comme des objets, ainsi qu'on le lui avait appris, en souvenir de Descartes, sans doute, qui les assimilait à des machines. Un dispositif réglementaire impose aujourd'hui, avance-t-il, des règles de comportement dans l'expérimentation sur le monde animal, et des progrès considérables ont été accomplis : « La biologie a réussi le paradoxe de donner à l'animal ses lettres de noblesse en lui reconnaissant sa proximité avec l'homme[79]. » Le débat progresse assurément, poursuit Françoise Tristani-Potteaux, mais « la suppression de l'expérimentation animale reste une utopie. » Et de citer des cas où l'expérimentation animale avait été nulle ou insuffisante : en 1937, aux Etats-Unis, le Prontosil fait une centaine de morts. En 1957, la thalidomide provoque la naissance de plus de 10 000 enfants malformés[80]. Georges Chapouthier, ajoute, de son côté, que l'étude de la métastase

---

[77] F. Tristani-Potteaux, *Profession ? Chercheur*, CNRS Éditions, 2019, p. 169

[78] *Ibid.*, p. 171

[79] *Ibid.*, pp. 170, 177

[80] *Ibid.*, p. 171

exige la présence d'un corps complet ; de même, un somnifère a-t-il besoin d'être expérimenté sur un corps complet[81].

Tests jusqu'à rupture, mort programmée, … nous rejoignons ici une réflexion majeure tirée du livre de la *Sagesse* dans le Premier Testament, écrit quelques dizaines d'années avant la naissance du Christ, c'est-à-dire, pour les chrétiens, celui qui réalise les caractéristiques du Messie attendu par le peuple juif, et qui livre avec une rigueur sans faille le protocole de la méthode expérimentale. Il parle de la mise à l'épreuve d'un innocent – du moins se prétend-il ainsi – insupportable aux yeux de beaucoup, parce qu'il les contrarie. Il va donc être arrêté, mis en procès et testé avec des violences qui vont nécessairement l'amener à avouer, tôt ou tard, ce qu'il a dans le ventre. Curieusement, il est à la fois un accusé discret et provocant, au sens où, justement, non seulement il se laisse faire, mais il fait réagir.

Voici l'acte d'accusation : « Il nous gêne et s'oppose à notre conduite, nous reproche nos fautes contre la Loi, et nous accuse de fautes contre notre éducation. Il se flatte d'avoir la connaissance de Dieu, et se nomme enfant du Seigneur. Il est devenu un blâme pour nos pensées, sa vue même nous est à charge. »

Et, maintenant, le protocole expérimental : « Voyons si ses dires sont vrais, expérimentons ce qu'il en sera de sa fin. Car si le juste est fils de Dieu, il l'assistera et le délivrera des mains de ses adversaires. Éprouvons-le par l'outrage et la torture pour juger de sa sérénité et apprécier son endurance[82]. »

Les moyens exercés sur le prévenu sont clairement précisés : l'outrage et la torture, avec une hypothèse dûment formulée, au préalable : « Si le juste est fils de Dieu, il l'assistera. » Ainsi, avant même la naissance de l'Enfant-Dieu, il y a plus de 2000

[81] *La Croix*, « L'invention de nouveaux médicaments rend nécessaire l'expérimentation animale », 14 janvier 2020
[82] *Sagesse* 2, 12-19

ans, la méthode hypothético-déductive est-elle définie avec minutie. Le raisonnement est déclaré à la lettre : « De la sorte raisonnent-ils[83]. »

L'essai sera destructif, poussé jusqu'à rupture : « Condamnons-le à une mort honteuse, puisque, d'après ses dires, il sera visité [84] ! »

En réalité, le raisonnement dévoile sa subtilité et prétend justement à la généralité : « Opprimons le juste qui est pauvre, n'épargnons pas la veuve, soyons sans égard pour les cheveux blancs chargés d'années du vieillard. Que notre force soit la loi de la justice, car ce qui est faible s'avère inutile[85]. » Les juges, qui sont en même temps des expérimentateurs, n'ont pas compris que la fécondité de la méthode réside dans la faiblesse repérée, Ils ne comprennent pas que la faiblesse acceptée – les limites attachées à la connaissance du réel – est une donnée de l'existence, comme le veuvage ou les cheveux blancs. Ils ne voient pas la contradiction dans laquelle ils sont enfermés, alors qu'ils sont eux-mêmes testés et sont leurs propres juges. Ils ne voient pas que la force dont ils se réclament contredit la vérité. Ils ne voient pas que le juste se livre à expérimentation pour qu'éclate la vérité. À dire vrai, ils ne croient qu'à la volonté déclarée suffisante de puissance. Ils n'ont pas saisi que la vérité aime à se cacher pour mieux être découverte, et qu'il existe dans la faiblesse décelée un enseignement à cultiver, qui révèle avec insistance une énergie discrète, au souffle long, riche de possibilités et d'avenir. En somme, pour tout dire, le Juste – en fait, l'accusé – se met à leur service pour les conduire sur le seul chemin qui vaille. Éducatrice et provocante à la fois est la sagesse de ce dernier, au sens où elle réagit, parle, fait face, tient bon, quoi qu'il en coûte, pour un surcroît de vie. Ainsi, la vie gagnante n'est-elle pas sans le Juste à l'œuvre, mais il ne

---

[83] *Ibid.* 2, 21
[84] *Ibid.* 2, 20
[85] *Ibid.* 2, 10-11

peut avancer que désarmé. Dès l'origine, il en a pris son parti. Tel est son choix.

Seulement, prenons garde, sa douceur est offensive, car son genre de vie ne ressemble à aucun autre. Ses sentiers sont à l'opposé de ceux de ses détracteurs : « Il nous tient pour chose frelatée, et s'écarte de nos chemins comme d'impuretés. Il proclame heureux le sort final des justes, et il se vante d'avoir Dieu pour père[86]. » Mais voici que sa sagesse intervient encore. Elle parle, en effet, pour dégager un autre enseignement : si le juste va être rompu, comme une poutre en laboratoire, jusqu'à rupture, elle enseigne un résultat à méditer au plus haut point, parce qu'il est annoncé à l'avance : la mise à mort se révèle à but non fragile. L'important, le vital à saisir, en effet, est qu'elle puisse prévenir. Alors, tout le monde en bénéficiera. Tout est là. C'est toute la différence, par exemple, entre le béton non armé, dont la rupture en flexion est très imprévisible – ce qui interdit son emploi pratique –, contrairement au béton armé muni d'armatures aux bons endroits. Des exemples de cet ordre fleurissent à foison. Les ruptures non fragiles sont la garantie, le salut des progrès techniques en mécanique, comme en électronique et ailleurs encore. Une loi ainsi s'affirme : la mort est nécessaire à l'assurance de la vie.

Mais poursuivons : « Les justes, … aux yeux des insensés, passèrent pour morts… Au temps de l'intervention de Dieu, ils resplendiront, ils courront comme des étincelles à travers le chaume. Ils jugeront les nations et domineront sur les peuples[87]. » Les verbes qui figurent dans ce fragment sont tournés vers l'avenir : ils sont au futur. Les tortionnaires vont être vaincus par où ils croyaient vaincre. Mais le texte va encore beaucoup plus loin : le Dieu d'Israël, curieusement, applique la méthode aux justes ! Ainsi : « Après de légères corrections, ils recevront de grands bienfaits. Dieu, en effet, les a mis à l'épreuve, et il les a trouvés dignes de lui ; comme l'or au

---

[86] *Ibid.* 2, 15-16

[87] *Ibid.* 3, 1, 2, 8

creuset, il les a éprouvés[88]. » Les résultats confirmeront la prédiction : « Les justes resplendiront, … ils courront… après de légères corrections. » Il y a quelque chose de très moderne dans cette dernière formule : cela sent les approximations successives – ces fameux tâtonnements – chères aux adeptes du calcul numérique et aux metteurs au point des machines ! Dieu s'y prend pareillement – qui sait ? – ou c'est nous qui, sans en avoir toujours conscience, à son image et ressemblance, nous y prenons aussi.

VIE ET MORT, ENCORE

Le fait est bien connu dans les sciences : la vérité supposée acquise est le plus souvent mise à mort, un jour. Elle progresse alors par son sacrifice, à coups de simplifications répétées à son sujet. *Attaquée* de face, en son entier, elle serait beaucoup trop complexe à aborder. Les gains attendus seraient nuls. Newton, en acceptant le sacrifice de ne pas trouver la cause de la gravitation, eut accès aux calculs de l'astrophysique, qui allaient permettre la conquête de la lune, contrairement à Descartes qui faisait valoir d'hypothétiques tourbillons pour faire tourner les corps célestes. De façon générale, une loi se dessine : des morts sont nécessaires à la vie gagnante. Le phénomène d'apoptose, lors de la formation des doigts de la main dans le sein maternel, à partir d'une sorte de moufle, en est une superbe illustration.

Parmi les fondamentaux qui nous occupent présentement, il en est un qui nous concerne tous : la fin de vie. Le cas de Vincent Lambert qui alimentait les médias depuis des années en fut une redoutable illustration.

---

[88] *Ibid.* 3, 5-6

Les conflits qui s'élèvent dans les familles, en cas de décision à prendre : ne rien précipiter ou débrancher les moyens d'entretien biologique, s'ajoutent à ceux du monde médical, voire du monde judiciaire. L'Église elle-même se trouve prise dans un dilemme, jusqu'à l'heure inextricable, en dehors de l'avis d'un pape – en l'occurrence le pape François – déclarant : « Pour ceux qui sont dans un état de grave handicap, protégeons la vie, don de Dieu, du début à la fin naturelle. Ne cédons pas à la culture du déchet[89]. » Seulement, une question, entre autres, s'allume ici : Comment parler de fin naturelle quand des moyens techniques mis en œuvre pour juger d'une attitude vous dans une interrogation, quant à la détermination de l'heure effective de la mort ?

Un jésuite, Bruno Saintôt, directeur du centre d'éthique biomédicale du Centre Sèvres, avance que « les patients en état végétatif n'ont pas le cerveau détruit. Vincent Lambert n'est pas en état de mort cérébrale, et nous ignorons largement ce que les personnes qui sont dans cet état vivent en elles-mêmes. Ce qui est en jeu est la manière dont nous gérons les effets collatéraux des victoires biotechnologies, et en particulier ces états limites que nous ne rencontrions pas il y a trente ou quarante ans. Je suis très sceptique lorsque certains parlent de vie purement biologique. Qu'est-ce que cela veut dire ? Quand est-ce que l'humanité s'absente de l'homme [90]? »

Un membre du Comité consultatif national d'éthique, le professeur Régis Aubry, membre du Comité consultatif national d'éthique (CCNF) parle de « zone grise », une zone, ajoute le professeur Louis Puybasset, à la Pitié-Salpêtrière, « avec des données insuffisantes pour faire un choix clinique[91] ». Comme il est étrange qu'avec tous les moyens croisés, offerts par la recherche, nous soyons amenés à devoir établir des règles où de multiples considérations, liées à des

---

[89] Tweet du lundi 20 mai 2019

[90] *La Croix*, 21 mai 2019, p. 10

[91] *Ibid.*, p. 11

avis si divergents, décident de notre sort ! Il semble de plus en plus vraisemblable que chacun de nous sera dorénavant amené à définir une règle de conduite à son endroit, et d'avoir à choisir dans cette zone. Certains déclarent ainsi qu'ils auront fait don au monde de ce qui leur restera de vie disputée. Pensons, en effet aux finances de la Sécurité sociale mises, parfois, si haut à contribution – une petite fortune – lorsque l'hospitalisation dure des années (onze ans dans le cas précédent) dans cet état problématique. Dans le même sens, comment oublier que des décisions personnelles – si nombreuses – s'apparentent à des sortes de morts, au bénéfice d'une vie plus engagée et donnée. Il en est de courageuses et de saignantes, à la fois, chez le commun des mortels.

Donner sens à sa vie, ne pas la subir, mais l'offrir par amour pour la vie du monde. Le sacrifice d'un colonel, lors de l'attaque terroriste de Trèbes, en mars 2019, qui prit la place d'une caissière, n'a laissé personne indifférent. Mais où l'on se pose aussi la question : Est-il nécessairement moral que l'espérance de la vie augmente, comme notre époque en est témoin ? Martin Luther King, mort en martyr, allait jusqu'à déclarer : « L'important n'est pas de vivre longtemps, mais de vivre intensément. »

N'y a-t-il pas à remarquer également, encore une fois, que la mort, de notre vivant sur Terre, est une précieuse compagne ? Sans parler de mort physique, il est des passages saignants au cœur même de la vie. Un certain Paul de Tarse, à la conversion si spectaculaire sur le chemin de Damas, osait écrire : « Nous sommes continuellement livrés à la mort à cause de Jésus, afin que la vie de Jésus soit, elle aussi, manifestée dans notre corps mortel[92]. » Il n'y a pas de privilège réservé ici aux chrétiens, comme le rappelle le Concile Vatican II, qui s'était tenu entre 1962 et 1965 avec tous les évêques du monde : « Puisque le Christ est mort pour tous, et que la vocation dernière de

---

92 *Seconde lettre aux Corinthiens* 4, 11

l'homme est réellement unique, à savoir divine, nous devons tenir que l'Esprit-Saint offre à tous, d'une façon que Dieu connaît, la possibilité d'être associé au mystère pascal[93]. » Ce mystère trouve son origine historique et sa signification dans la libération du peuple hébreu du pays d'Égypte, où il vivait en esclavage. Il cria sa souffrance à Moïse, qui reçut de la part de son Dieu le pouvoir de libérer le peuple[94], de l'arracher à la mort en le faisant passer à travers la Mer Rouge, alors que tout paraissait perdu, et que les chars de Pharaon étaient à sa poursuite. Mal en prit à ces derniers, car le fort vent d'Est qui avait écarté les eaux et permis le passage des Hébreux s'abattit d'un coup, éliminant les chars. Chaque année, la Pâque – ce passage vers la liberté – est commémorée par le judaïsme, et chacun professe son actualité en professant : « C'est moi qui suis sorti d'Égypte. »

Le baptême des chrétiens s'en inspire directement. Il existe ainsi des morts qui ne passent pas par la mort du biologique. Boris Cyrulnik, lorsqu'il parle de résilience, exprime cette faculté humaine de dépasser de grosses épreuves, par un surcroît stupéfiant de vie.

Un problème posé à la psychiatrie illustre le propos : Comment baisser la charge émotionnelle de certains souvenirs ? Un psychiatre raconte l'histoire d'une enfant traumatisée par une chute à vélo, lors de la traversée d'un passage à niveau. L'idée lui vient de lui demander de refaire la scène à ses côtés, la conduisant à revivre en face cette impression de mort qui la tenaillait depuis sa chute. Mission accomplie, et la voilà guérie. Cyril Tarquinio, professeur de psychologie clinique à l'université de Lorraine, va dans le même sens en déclarant qu'un souvenir réactivé se dilue et devient moins émotionnel. Des chercheurs de l'École polytechnique fédérale de Lausanne confirment de leur côté que la peur doit être réactivée et non

[93] Concile Vatican II, Constitution pastorale *Gaudium et spes* , n° 5

[94] Sortie énigmatique, aux dires des archéologues israéliens, car, nulle trace, selon eux, n'a été repérée à ce sujet

inhibée pour s'éteindre. Ainsi, la guérison peut-elle se produire par la réactualisation du moment traumatisant[95]. En somme, il faut regarder la vérité en face pour ne plus en souffrir, et revivre ce passé douloureux comme s'il était présent, et si, pour guérir, ce temps passé devait être retrouvé. Étrange ! comme lorsque Pascal proclamait que le Christ est en agonie jusqu'à la fin du monde, et que, loin d'oublier les souffrances humaines, il les fait siennes pour nous en libérer. Les peintres figurant le Ressuscité le montrent avec la trace dans les mains, les pieds et le côté de la poitrine, transpercés sur la Croix, comme il est écrit dans le Second Testament.

Nous assistons aujourd'hui à un déni de la mort ou à un désir de partir sur la pointe des pieds, à l'exception encore des campagnes où la tradition des rites se maintient encore. Seulement, ne sommes-nous pas en train de réagir, à la pensée des nombreux décès provoqués par le dernier virus, qui a forcé des populations au confinement, à l'absence de célébrations des obsèques, révélant ainsi les douloureux effets d'un manque d'affection réclamée en ces moments, et auparavant de l'absence des adieux aux mourants, forcés à l'isolement ?

LA FOLIE, AU RISQUE DE LA MORT ET DE LA VIE

La célèbre alpiniste Élisabeth Revol raconte[96] la suite de son ascension réussie d'un sommet de l'Himalaya, l'un des plus de 8 000 mètres, le *Nanga Parbat*, vaincu en janvier 2018, avec un compagnon de cordée, un polonais, Tomasz Mackiewicz. Une tragédie s'en suivit avec la mort de ce dernier, alors que rendus à 90 mètres du sommet, ils réalisaient qu'il valait mieux

[95] *Sciences et Avenir*, février 2019, p. 68

[96] É. Revol, *Vivre - Ma tragédie au Nanga Parbat*, Arthaud, 2019

renoncer. Elle s'accusera par la suite d'un excès de confiance, de s'être voilée la face, et avouera sa folie, l'enjôleuse *hubris*, connue des Grecs, cette envie irrésistible, comme elle l'écrit, d'aller encore et toujours à la verticale de soi. Seulement chez les Grecs, ce mot ne désignait pas seulement la démesure ou la violence. Ce mot prend au XIIIe siècle, chez Hugues de Saint-Victor, avec le mot machine, l'idée d'un artisan humain qui se pose en potentiel rival du Dieu Créateur dans l'imitation de la nature[97]. Machiner, ce verbe tout neuf à l'époque, et tiré du grec, en viendra à revêtir un sens ambigu. Descartes lisait dans la nature une machine, d'autres aujourd'hui l'exploitent en la machinant, par exemple, dans des porcheries, mais c'est l'homme lui-même qui se trouve machiné, conditionné.

Un philosophe, Bernard Stiegler, un penseur haut en couleurs, inclassable par les excès de sa vie et les vertigineux contrastes de sa pensée, souligne avec le mot *disruption* un acte de rupture sur le plan anthropologique. Il voit dans la société actuelle des éléments moteurs qui vont plus vite que nous, et nous débordent afin de nous éliminer : « La disruption est ce qui va plus vite que toute volonté, individuelle aussi bien que collective, des consommateurs aux dirigeants politiques aussi bien qu'économiques[98]. » Elle nous aveugle à la fois, et décide à notre place. Pour Stiegler, le capitalisme y contribue, ne voyant que le calcul, provoquant ainsi « une montée aux extrêmes de l'entropie sur Terre », ainsi que le désordre, et provoquant avec elle « un désespoir planétaire porteur de toutes les variétés de la folie[99] ». Comment en sortir ? Il cite Érasme, selon lequel la folie est de deux sortes : « Il est une folie funeste et dévastatrice, opposée à une folie créatrice et positive[100]. » Alors, comment s'en sortir ? Très curieusement, l'ancien communiste, l'athée qu'il reste, cite saint Paul dans sa première

---

97 F. Pomel, *Engins et machines - L'imagination mécanique dans la textes médiévaux*, 2015, PUR

98 B. Stiegler, *Dans la disruption*, Éd. les Liens qui libèrent, 2016, p. 24

99 *Ibid.*, p. 71

100 *Ibid.*, p. 412

épître aux Corinthiens et évoque à vue humaine la geste folle de Jésus : « Le langage de la Croix est folie pour ceux qui se perdent, mais pour ceux qui se sauvent, pour nous, il est puissance de Dieu[101]. » L'auteur se surprend dans sa réaction réflexive et va jusqu'à écrire : « Je suis souvent terrassé, parce qu'il paraît être absolument irrationnel de croire qu'une bifurcation positive pourrait surgir de la période chaotique dans laquelle nous nous précipitons à la très grande vitesse que nous impose la disruption. » Il en vient à déclarer, citant Heidegger : « Seul un Dieu peut encore nous sauver[102]. » L'*Anthropocène*, dont le concept ne fait certes pas l'unanimité, est également visé au sens où, selon ses tenants, les humains transforment de façon irréversible la planète. Pensons, notamment, à la consommation inconsidérée de matériaux fossiles, des matières plastiques, ainsi qu'à l'augmentation de la température moyenne de l'atmosphère et des océans, par leur faute.

Michael Sandel, un autre philosophe, fait de son côté la critique d'une démesure engendrée par les manipulations génétiques, réputées pouvoir augmenter nos performances. Il avance que « plus nous devenons les maîtres de nos dotations génétiques, plus le fardeau qui pèse sur nos talents et sur nos performances devient lourd[103]. » En effet, des enfants souffrant d'un handicap physique pourront traîner en justice leurs parents en les accusant d'avoir négligé tel trait de leur patrimoine génétique.

Catherine Jeandel, directrice de recherche au CNRS, fait chorus en reprochant au capitalisme de miser uniquement sur ce qui se prête au computationnel, au calcul, conduisant ainsi à « une montée aux extrêmes d'un désordre mortifère généralisé[104]. »

---

[101] Saint Paul, *Première épître aux Corinthiens* 1, 18

[102] B. Stiegler, *op. cit.*, p.433

[103] M. Sandel in L. Ferry, *La révolution transhumaniste - Comment la technomédecine et l'ubérisation du monde vont bouleverser nos vies,* Plon, 2016, p. 113

[104] *Sciences et Avenir*, octobre 2016, p. 71

ABSOLUMENT IMPRÉVISIBLE

Il est aussi des événements fous qui vous arrivent d'un coup, et que rien ne laissait prévoir, comme au commissaire Bourrel, s'écriant cinq minutes avant la fin du film : « Bon Dieu ! Mais c'est… Bien sûr ! ». D'où est donc venue l'inspiration ? D'une décantation de l'esprit ? Le mathématicien Henri Poincaré déclarait à partir d'une découverte : « Ce qui frappera tout d'abord, ce sont ces apparences d'illumination subite, signes manifestes d'un long travail inconscient antérieur ; le rôle de ce travail inconscient dans l'invention mathématique me paraît incontestable[105]. » Pareillement, chez Kekulé, qui découvrit la forme hexagonale de la molécule de benzène, lors d'une sieste, en voyant des serpents et l'un d'entre eux, soudain, se mordre la queue ! François Jacob, qui partagea avec Jacques Monod et André Lwoff le prix Nobel de médecine en 1965, évoque, rappelons-nous, une situation dans laquelle il se trouva, un dimanche, fin juillet 1958. Ne trouvant pas l'inspiration pour une conférence à donner à New York, il se rend au cinéma avec son épouse. Il trouve le film sans intérêt, mais perçoit en revanche des associations d'idées en train de cheminer en son esprit, et dans la foulée, écrit-il, « une brusque excitation mêlée d'un plaisir confus m'envahissent, m'isolent de la salle, de mes voisins les yeux rivés à l'écran. Et, soudain, un éclair. L'éblouissement de l'évidence. Comment ne pas y avoir pensé plus tôt ? […] Ces hypothèses encore grossières, encore mal esquissées, mal formulées se bousculent en moi. À peine ont-elles émergé que je me sens envahi par une joie intense, un plaisir sauvage. Une impression de force aussi, de puissance. Comme si j'avais gravi une montagne[106]. » Un peu avant, il confie : « Si cela survient, c'est de manière fortuite, comme un caprice. À l'improviste, comme une génération spontanée. N'importe où, n'importe quand, comme la foudre. Ce qui guide

---

105 A. Koestler, *le cri d'Archimède*, Calmann-Levy, 1980, p. 100

106 F. Jacob, *op. cit.*, pp. 332

l'esprit, alors, ce n'est pas la logique[107]. » Il est donc à croire que dans ces moments exceptionnels la raison déductive n'a rigoureusement rien à dire, sauf à garantir le résultat. On pense aussi à la joie de Proust quand il comprend tout soudain l'effet de la madeleine.

À l'heure où il est fait l'éloge du transhumanisme par certains, il est permis de douter des surprises liées aux performances algorithmiques, et sur lesquelles nous reviendrons. Le cri humain d'Archimède n'a pas fini de jaillir. Comme il est réjouissant de lire la jubilation sur des visages de chercheurs provoquée par une découverte personnelle, qui en dit tellement long sur notre appétit de conquêtes, à la pensée que nous nous sentons alors, quelque part en nous-même, comme transporté vers un ailleurs qui à la fois nous agrandit et dans lequel nous nous reconnaissons présent ! Mais voici d'autres surprises, avec le chiffre *trois*.

TROIS, POUR LA VIE

Henri Poincaré gagna un prix créé par le roi Oscar II de Suède, en 1889, en apportant la preuve que la trajectoire de trois corps célestes ne peut être prédite à plus ou moins long terme. Sur le plan humain, cette fois, l'esprit se voit amené à réfléchir au suivi des relations humaines. Seulement, il apparaît que les conflits entre deux personnes réduites à elles seules auront bien du mal à être réglés ; d'où l'idée de s'arranger pour aller jusqu'à trois, et de trouver un tiers médiateur. Seulement, l'expérience montre qu'un enfant est loin de toujours aider à résoudre les difficultés.

---

[107] *Ibid.*, p. 330

D'une manière générale, *un* est toujours immobile, monotone, isolé, et *deux*, comme la marche, donne de s'avancer ou de reculer. Avec *trois* commencent la liberté et les exigences. Les sujets de philosophie au baccalauréat, notamment, utilisent cette dynamique à trois temps dans l'exercice classique : thèse-antithèse-synthèse. Des démarches à trois temps nous caractérisent aussi, le plus souvent. Ainsi, avons-nous à ouvrir les yeux sur la situation du moment. Il nous appartient alors de trouver une attitude (1). Ce peut être le constat d'un RAS (rien à signaler, donc restons zen) ou d'une réaction (2), suivie alors d'une mise en acte (3). Il en va de même dans un laboratoire : une hypothèse a été émise (1), et il s'agit de la tester (2). Le résultat (3) dira ce qu'il en est de l'hypothèse. Seulement, il arrive qu'une incertitude demeure, et que l'expérimentation soit reconnue non exhaustive, voire non pertinente. Que faire ? Tourner la page, puis réfléchir à un ailleurs ou un voir autrement. Ainsi, par exemple, Gödel rencontré plus haut démontre que l'indécidable est à consentir pour que les mathématiques progressent, mais sans la garantie de ne pas trouver de contradiction dans des résultats déjà démontrés.

Manifestement, *trois* donne du relief à l'existence, comme la stéréo, produite par deux haut-parleurs, le confirme. Elle entremêle des sons divers répartis dans l'espace, et nous les intégrons en nous-même, grâce aux deux oreilles distinguées accrochées à la boîte crânienne. En somme, voilà trois en un, car nous figurons, nous aussi, dans l'espace. Bien plus, ce divers spatial passe à l'intérieur de l'homme, comme si ce dernier l'enveloppait.

Si, maintenant, on analyse avec attention des prises de parole ou des textes, on s'aperçoit que se découvre couramment en eux une structure à trois temps, caractérisée par une seule et même idée, elle-même répétée comme un refrain, qui peut même échapper à son auteur. Il pourra être objecté que le chiffre quatre répond mieux à une totalité de la pensée. Ainsi, les quatre points cardinaux offrent-ils symboliquement, comme le carré ou le rectangle, cet avantage, parce qu'ils somment toutes les directions. Seulement, que deviendrions-nous s'il ne restait plus rien à réfléchir ? Nous serions des robots condamnés à appliquer des règles, et donc soustraits à la création.

La physique quantique, ce grand pilier de la physique moderne, avance de son côté qu'il n'y a pas de séparation entre la physique quantique et l'expérience, car l'homme est nécessairement partie prenante de ce qu'il observe, et cela, quelle que soit l'expérimentation. L'expérimentateur, l'*objet* étudié, qui en réalité n'en est pas un[108], et l'environnement forment un *ternaire* indissociable.

De leur côté, les géomètres la savent bien : pour bâtir, il faut passer par la triangulation. Elle seule garantit la précision nécessaire à la construction d'un édifice. La mesure du méridien, réalisée en France, pour la première fois dans l'histoire de l'humanité, a été garantie par la triangulation. C'est ainsi que le mètre a été défini comme la dix-millionième partie du quart du méridien terrestre. Il est à signaler, cependant, que l'aventure de sa mesure, conduite entre Dunkerque et Barcelone, via Perpignan, fut réalisée par deux astronomes : Pierre Méchain et Jean-Baptiste Delambre, le premier, partant du sud, et donc l'autre, du nord, « deux expériences diamétralement opposées[109] ». Magnifique exception quantitative à ce que demandait le peuple français en 1789 : « Qu'il n'y ait plus deux poids, deux mesures. »

SURPRISES D'UNE ÉPOQUE

Les régularités qui nous sont si nécessaires ne nous mettent pas à l'abri des surprises. Ainsi, l'écologie, justement sensible à

---

[108] Cf. *Annexe*

[109] D. Guedj, *Le mètre du monde*, Seuil, 2000, p. 93

la santé du monde environnemental découvre en ce début du XXIe siècle, et depuis quelques années, un sujet iconoclaste : le lien entre l'environnement – la biodiversité –, la santé animale et la santé humaine, comme l'écrit Marie-Monique Robin[110], journaliste, réalisatrice, lauréate du prix Albert Londres. Serge Morand, chercheur au CNRS, notamment, relève dans le même ouvrage qu'une conférence organisée par l'Unesco, en 1968, et tombée dans l'oubli, avait abordé pour la première fois, les liens entre perte de diversité biologique et santé. Cette vérité s'est manifestée avec la violence que l'on sait, à l'échelle mondiale, avec la covid-19, en 2020. Il apparaît de mieux en mieux que la biodiversité protège la santé, que la diversité génétique réduit la transmission des pathogènes[111], alors qu'il semblait « logique d'imaginer qu'une plus grande biodiversité globale conduise à une plus grande diversité de pathogènes et donc à une plus grande incidence de maladies humaines[112]. » Seulement, à entendre certains, la meilleure protection serait de se débarrasser de la biodiversité[113]… Il se dégage aussi un résultat considérable : les forêts sauvages offrent par leur large biodiversité un effet de *dilution* de l'influence des pathogènes, donc bénéfique ; ce qui n'empêche pas la possibilité, ici ou là, de mécanismes qui contredisent l'affirmation[114]. À noter que les routes constituent une cause de propagation des pathogènes, de sorte qu'il faudrait s'assurer de leur nécessité en zone forestière, notamment. Si c'est pour gagner dix minutes…

Tout bien pesé, « tout est lié[115] ». Un refrain déjà aperçu ici.

Autre difficulté : nous vivons une époque où les fausses nouvelles fleurissent à foison, largement entretenues par les

---

110 M.-M Robin, *La fabrique des épidémies*, La Découverte, 2021

111 *Ibid.,* p. 171

112 *Ibid.,* p. 133

113 *Ibid.,* p. 146

114 *Ibid.,* p. 164

115 *Ibid.,* pp. 161, 163,168, 172, 241, 266, 271

réseaux sociaux. Les concepteurs de ces réseaux se trouvent de plus en plus mis en accusation, mais ils avouent que les cadences de publication de ces fausses nouvelles ne permettent pas toujours de les éliminer à temps ; d'où les dégâts que l'on sait. Leur diffusion révèle des capacités spectaculaires, à la portée de n'importe qui. L'explosion des premières bombes atomiques sur Nagasaki et Hiroshima constituait déjà une première dans le genre retentissement mondial, à cette différence près que la diffusion de l'événement ne touchait encore qu'une part infime de la population mondiale. Il n'en est pas de même aujourd'hui. En effet, la montée inéluctable des eaux des mers et des océans est connue de tous, et les effets s'annoncent à brève échéance redoutables pour des dizaines de millions d'humains. La pollution atmosphérique provoquée par la consommation outrancière d'énergies fossiles et autres pollutions sur le plan phytosanitaire, notamment, ne sont guère mises en doute que par des sceptiques. Elles ont un retentissement, en puissance, chez tous les habitants de la planète qui ne peut aller qu'en s'accentuant si la vitesse des conversions sociétales n'est pas à la hauteur ; ce qui semble être le cas.

La Terre en vient à nous rendre sensibles, par force, à ce que nous sommes devenus : une communauté unique de destin, pour le pire et… un meilleur problématique. En cette Terre, l'humanité reconnaît un juge, comme elle n'en avait jamais connu, à vue humaine, et qui n'y va pas par quatre chemins. Elle crie sa souffrance, voire à l'ingratitude, selon certains, car nous ne sommes rien sans elle, et l'avons oublié.

Aux dires des mêmes ou d'autres, nos générations ont engendré l'Anthropocène et le Technocène, mais voici que les feux gigantesques de l'Australie de 2019 et 2020 parlent maintenant de *Pyrocène*, un phénomène inattendu, jusqu'à ces dernières années, de ses conséquences, et auquel nous allons devoir nous habituer, jusque dans nos contrées, encore tempérées, du fait d'une auto-alimentation de ces feux par les températures atmosphériques.

Comme il est étrange, aussi, d'entendre dans un tout autre domaine des jeunes faire la leçon aux adultes, les accusant de leur préparer une Terre invivable ! L'histoire des hommes se reconnaît à des signes caractéristiques d'une époque, des signes des temps. Un air de jeunesse, de renouveau, convoque assurément la nôtre, à la pensée, notamment, des start-up qui éclosent un peu partout et entretiennent un étonnement insistant devant l'absence d'une paternité acquise par l'expérience, qui était pourtant le signe incontesté d'une loi reconnue jusqu'à une seconde moitié, largement amorcée, du XXe siècle en Occident. Une toute jeune suédoise, Greta Thunberg, a fait parler d'elle en initiant un ensemble de grèves chez des lycéens, un peu partout dans le monde. Voici le père, de nos jours destitué. On se souvient de la chanson : *Elle a fait un enfant toute seule*. L'homme pourrait-il, dorénavant, passer sous silence la place du père, et la croire dépassée ? Des sociologues notent avec insistance les pensées de nombreux jeunes en contraste avec celles de leurs aînés. Seulement, l'Histoire nous apprend que nos pratiques ne s'évaluent pas sans le capital d'expériences des Anciens, la sagesse !

En ces temps où tout s'accélère, où ils nous pressent par la rapidité des communications et des performances qui leur sont liées, un neuropsychiatre, Jean-Michel Oughourlian, évoque dans le traitement d'une psychiatrie une étape fondamentale : le *lâcher prise temporel*. Ce dernier consiste à « abandonner le passé avec son cortège de remords et de regrets, oublier le futur avec son cortège d'espoirs et d'angoisses, et à vivre intensément le seul temps que nous laissons toujours échapper, auquel nous ne prêtons pas attention : le temps présent, ici et maintenant, je vis, je respire, je regarde, je contemple, je suis[116] ! »

Les initiés à la méditation profonde en savent la vitale importance. Cet auteur souligne un rapprochement avec l'expérience hypnotique, qui implique un lâcher prise, « l'abandon au modèle qui va dissoudre notre moi et le ressusciter sous une autre forme », au bénéfice d'une thérapeutique, « une initiation à la sagesse, une vision claire de la réalité[117] ». Où l'on retrouve l'éternel présent guérisseur et l'audace d'un neuropsychiatre, Boris Cyrulnik, à parler de résurrection.

Mais voici qu'un bon sens, venant de la base de la société, et des initiatives voient le jour dans le rural. Ils ne sont plus d'ordre anecdotique, mais alimentent une sorte de réensemencement local, les interactions courtes, qui naissent ici et là, valorisent les productions locales, et entraînent une économie d'énergie, en même temps qu'une valorisation des personnes. Ce bon sens vient rappeler que si le particulier a besoin du général, celui-ci a autant besoin de lui, d'une atmosphère familiale, en particulier, et de l'éducation.

DE LA BEAUTÉ EN PRIME

Nous relevions en début d'ouvrage chez un épistémologue, Gerald Holton, la place de nos réflexes de pensée, les *thêmata*, qui ont un rôle essentiel dans le développement d'une discipline scientifique, et dont l'origine semble trouver « sa meilleure approche dans les études portant sur la nature de la perception,

---

116 J.-M. Oughourlian, *Notre troisième cerveau - La nouvelle évolution psychologique* Albin Michel, 2013, p. 318

117 *Ibid.*, p. 318

et tout particulièrement du développement psychologique des concepts chez le jeune enfant[118]. »

Le sentiment de la beauté ne fait pas expressément partie des *thêmata*, tant la raison raisonnante répugne à se laisser mener par des convictions qui n'ont rien de rationnel, mais il apparaît pourtant qu'elle tient une place incontestable. Ainsi, un physicien, Paul Dirac, raconte comment un autre prix Nobel, Erwin Schrödinger, découvrit par pure réflexion une belle équation de la physique quantique, et non à partir d'une expérience. Il advint, en effet, que sa formule ne cadrait pas au vu de cette dernière. Il se résolut donc à la modifier. Mais, un peu plus tard, il réalisa que c'était la bonne, et Dirac de conclure : « La morale de cette histoire est qu'il est plus important d'avoir de belles équations que de les faire cadrer avec l'expérience. [...] S'il n'y a pas d'accord complet entre les résultats de ce travail et l'expérimentation, il ne faut pas trop se décourager, car la différence peut fort bien venir d'aspects secondaires dont on n'a pas suffisamment tenu compte et qui s'éclairciront à mesure que la théorie se développera[119]. »

On comprend que, devant cette *adéquation* déjà rencontrée entre un résultat scientifique et le ressenti personnel, il ne soit pas secondaire de parler de physique quantique plutôt que de mécanique quantique, trop matérialiste.

Les mathématiciens parlent volontiers d'*élégance* mathématique. Mais le sentiment de la beauté offre encore des horizons inattendus. À ce propos, Arthur Koestler, auteur du fameux *Le zéro et l'infini*, raconte l'histoire d'un bal masqué où figurent une douzaine d'invités costumés en Charlot. Un concours y est organisé pour élire le plus ressemblant dans la danse des petits pains. Or, Charlie Chaplin se trouve parmi eux, mais il n'obtient que le troisième prix[120]. À croire que les imitations ont quelque

---

[118] G. Holton, *L'invention scientifique*, PUF, 1982, p. 28

[119] A. Koestler, *le cri d'Archimède*, Calmann-Levy, 1980, p. 228

[120] *Ibid.*, p. 384

chose à ajouter… L'auteur raconte aussi un entretien avec une amie qui reçut en cadeau un dessin de Picasso. Le considérant comme une copie, elle l'installe dans son escalier. Koestler le découvre peu après au-dessus de la cheminée du salon, après que sa propriétaire a appris qu'il s'agissait d'un original. Il fallut un fameux coup d'œil d'experts pour en décider, tant des copies s'avéraient remarquables. Comment expliquer alors le changement d'appréciation de l'amie ? Fallait-il lire du snobisme de sa part ? Nos ancêtres, ajoute l'auteur, croyaient qu'une œuvre conservait « quelque effluve » de l'artiste[121]. Mais n'y a-t-il pas plus encore à méditer, à savoir qu'il arrive que les élèves très doués d'un maître participent à ses œuvres ? Un ami, professeur de lettres, m'avouait, modestement, être capable de faire du Proust à la chaîne, sans avoir à se prendre pour un génie. Le tout est dans l'assimilation. Cela va très loin, puisque des algorithmes, une suite de raisonnements ayant assimilé un style de compositions, de Jean-Sébastien Bach, par exemple, sont capables, d'imiter le maître au point que beaucoup se laissent tromper[122].

De manière générale, des pensées ou des attitudes manifestement fondatrices venant d'autrui vous collent si bien à la peau que leur expression vous reste définitivement. On dirait alors des constantes à la fois humaines et… universelles, qui nous habitent, un peu comme des *thêmata*, à ceci près qu'elles manifestent une capacité d'acquisition et donc une dimension culturelle qui nous élargit et fait prendre conscience d'un enrichissement, avec l'intime sentiment qu'il doit en exister d'autres à venir, et que nous n'aurons jamais fini de nous découvrir, grâce à elles.

Cela étant, devant une peinture, il n'est pas toujours recommandé de demander à son auteur ce qu'il a voulu représenter. Il arrive, en effet, qu'il – ou elle – s'offusque de la demande, comme si la réaction devant l'œuvre devait être

---

121 *Ibid.*, p. 385

122 Y.-N. Harari, *Homo deus*, Albin Michel, 2017, p. 349

spontanée, et pour tout dire naturelle. Une autre peinture, en revanche, retiendra d'emblée l'attention du visiteur grâce à l'expression d'un visage, un élan de vie ou un silence, pour ne pas dire une *nature morte*. Mais une œuvre d'art inspire-t-elle uniquement le sentiment de la beauté ? *Guernica*, de Picasso, ne fait pas dans la beauté, mais souligne le scandale de ce qui arriva durant la guerre d'Espagne, et l'importance vitale d'en garder trace, de faire mémoire de la dignité humaine offensée.

Cependant, il est à croire que le sentiment de la beauté éprouvée prend parfois des chemins très obscurs, comme on le dira autant de la laideur, jusqu'à l'horreur, ou de l'indifférence éprouvée. Mais il est d'autres chemins qui demandent manifestement une initiation pour l'appréciation d'une œuvre, et font qu'un intérêt apparaît peu à peu. La beauté s'apprend donc aussi, et par là s'élargit.

Précédemment évoquée dans la recherche en physique quantique, la beauté occupe, on l'aura compris, une place irrésistible dans l'esprit des chercheurs. Quelque chose de viscéral les habite manifestement, avec une passion qui les pousse à reconnaître un bonheur ressenti. Où l'on voit que la beauté n'est pas un corps étranger, mais familier : « On s'y retrouve », comme on dit, lorsqu'un quelque chose vous habite, vous colle à la peau. Nous avons des formules populaires de ce style, qui nous sont spontanées, mais donnent pourtant à réfléchir. Les enfants le savent lorsqu'ils ont trouvé la solution. Quelle fierté les habite lorsque le résultat tombe juste ! Ce qui est juste, voilà du solide, une impression d'importance irrésistible qui vous pousse à y croire, même si ça ne dure pas, et s'il faut encore se remettre en chantier.

Une aversion sur la manière qu'ont d'autres de vivre la même discipline apparaît également. Ainsi, deux grandes figures de la physique quantique s'étaient fait connaître à l'époque de son éclosion, autour de l'année 1925. L'un d'entre eux, Heisenberg, écrit : « Plus je réfléchis à la partie physique de la théorie de Schrödinger, et plus répugnante elle m'apparaît. » Ce dernier livra, à son tour, sa réaction devant la théorie du premier : « J'étais dégoûté, sinon repoussé[123]. »

Un ouvrage écrit par une chercheuse allemande en physique des particules, déjà mentionnée, Sabine Hossenfelder, aligne tout au long d'un ouvrage le constat de cette passion des théoriciens en la matière. Le diagnostic est spectaculaire, tant il affirme la permanence de leur désir de beauté : « nous sommes formés à admirer ce qui réussit et ce qui est beau[124]. » L'auteur souligne aussi combien beauté et élégance sont universellement reconnues par des chercheurs de cultures différentes, mais combien la beauté peut-être source d'erreurs : bien des physiciens se sont égarés à cause d'elle[125]. Ils ne sont pas les seuls à se laisser mener par elle. Ainsi, des esprits évoquent-ils parfois la beauté du diable pour les tromper et les empêcher d'aller vers la vérité. Il y a aussi une beauté dans la rigidité, lorsqu'elle se montre solide au point que la modification d'un résultat entraîné par elle aboutirait à des impossibilités[126]. L'auteur en vient à conclure pour sa part que la quête de « la beauté reste notre motivation tout au long de notre vie professionnelle : parce que ça rend le travail plus agréable ; ça garantit qu'il reste passionnant[127]. »

---

[123] G. Holton, *L'invention scientifique*, PUF, 1982, p. 94

[124] F. Wilczek in S. Hossenfelder, *op. cit.*, p. 186

[125] *Ibid.*, p. 45

[126] *Ibid.*, S. Weinberg, pp. 124, 233

[127] *Ibid.*, p. 267

II

L'EMPIRE DU NUMÉRIQUE

Les performances des ordinateurs ont atteint de tels résultats que l'homme de la rue en est venu à se sentir en passe d'être éliminé en maints domaines du fait de la création à grande échelle de métiers qui n'existaient pas il y a quelques années, et d'exploits en tous genres largement répercutés dans l'opinion publique. Mariya Gabriel, Commissaire européenne à l'innovation, la recherche, la culture et la jeunesse, souligne que, selon des études, 60% des enfants du Primaire pratiqueront un métier qui n'existe pas encore. Les vitesses de calcul ont atteint de tels sommets que des ouvrages d'art qui réclamaient des mois de travail permettent aujourd'hui non seulement de raccourcir les délais, mais de prendre en compte les complexités de formes sans précédent. Il devient banal que les adeptes de SMS, concentrés sur leur smartphone, courent les rues, et à tout âge ou presque. En outre, l'apparition des réseaux sociaux entraîne le colportage automatique quasi instantané et émotionnel d'avis, d'affirmations, de nouvelles pas toujours fondées, à grande distance et dans tous les milieux, de revendications qui envahissent le monde politique. Nous trouvons ordinaire que les innombrables photos prises avec le même appareil ne soient jamais floues, grâce à une telle rapidité d'enregistrement qu'il semble figé, malgré vous, un instant. Sous peu, et déjà en Chine, votre iris enregistré dans un magasin remplacera la carte bancaire et permettra le débit automatique de votre compte en banque. Plus besoin, non plus, de garer la voiture. Un calculateur s'en charge déjà, etc., etc.

Les résultats spectaculaires obtenus en la matière sont ainsi devenus tellement courants que la plupart de nos contemporains n'y prêtent guère attention. Les tours de force réalisés devraient inciter pourtant à admirer les moyens mis en œuvre.

COMMENT ÇA MARCHE ?

Un Français, Yann Le Cun, se signale à ce propos. Il est, en effet, lauréat du prix Turing, du nom du décodeur anglais d'une machine allemande, *Enigma*, qui était destinée à crypter les messages entre l'amirauté et les sous-marins : un prix dédié pour l'invention d'opérations mathématiques dans le cadre de l'intelligence artificielle (IA). Il entretient en lui, depuis l'âge de l'adolescence et par intuition, le goût d'une exploration profonde de relations entre des entités minuscules à l'œuvre dans le fonctionnement du vivant. Comme il l'écrit dans son ouvrage *Quand la machine apprend*, il va rapidement s'investir, plus précisément, dans le domaine de la perception, de la reconnaissance d'images, des visages, de la lecture automatique des chèques bancaires, du courrier postal, de la lecture, en général, des sons émis par la parole, la musique, etc. Il a profité pour cela des travaux de deux neurobiologistes David H. Hubel et Tosten N. Wiesel, prix Nobel de physiologie en 1981, sur le système visuel du chat[128]. Ils ont démontré que les neurones de son cerveau sont organisés en ensembles de couches aux fonctions très subtiles, différenciées et

---

[128] Y. Le Cun, *Quand la machine apprend - La révolution des neurones artificiels et de l'apprentissage profond*, O. Jacob, 2019, p. 36

conjointes, et que la vision résulte d'un signal visuel par étapes à travers elles.

L'auteur pense aussitôt qu'une imitation de la nature doit profiter à la recherche informatique pour la réalisation d'algorithmes ; d'où l'idée de la conception de neurones artificiels. Par là, il insiste sur l'incapacité de la logique à ouvrir à elle seule l'avenir de l'IA, car la nature a des capacités innées capables de nous profiter. Il comprend que, de manière générale, l'IA a nécessairement besoin en tout domaine d'un apprentissage profond pour faire de l'inné, qui sera donc un acquis[129]. Il s'agit de lui apprendre, en multipliant les exemples de résultats à trouver, et avant qu'elle n'accouche de ses choix, à resserrer ses décisions internes par une foule d'itérations, à grande vitesse, dont elle est rendue aujourd'hui capable, jusqu'à les rendre performantes. L'auteur évoque, en passant, une expérience avec un grand maître des échecs, ancien champion de France, qui joua simultanément contre cinquante joueurs, et à qui il suffisait, à chaque fois, de jeter un bref coup d'œil sur l'échiquier pour avancer un coup, montrant par là quelque chose d'inné, un *précâblage* du cerveau, permettant des coups à grande vitesse. Les performances des petits enfants en offrent de spectaculaires manifestations, et on sait aujourd'hui que des zones du cerveau sont dotées d'une *architecture spécifique*, dédiées à certaines tâches, alors que nous n'avons pas la maîtrise de ces mécanismes. Mais le cerveau est très malléable, comme le montrent des expériences prouvant qu'il existe « une sorte d'apprentissage universel du cortex[130] ». Voilà donc le rêve que poursuit l'auteur : doter les machines d'un tel pouvoir. Tout cela étant, il se pose la question : « Comment l'être humain construit-il aussi rapidement des représentations abstraites du monde qui l'entoure[131] ? » Comment expliquer, en effet, des réponses qui nous arrivent d'un coup, et nous mettent

---

[129] *Ibid.*, pp. 23, 363

[130] *Ibid.*, pp.363, 364

[131] *Ibid.*, p. 373

en plein dans le mille de la réponse. Nous sommes incapables d'expliquer par quel *calcul* nous y sommes parvenus. Le hasard ne semble pas être de la partie, parce que la probabilité d'occurrence de la réponse paraît nulle. Comment une machine pourrait-elle alors s'y prendre pour y parvenir ?

On aura compris que le sens commun qui est le nôtre ne fait pas partie des pouvoirs de l'IA, du moins pas encore, à entendre l'auteur, qui reconnaît qu'une machine n'a pas une once de sens commun, pas un brin de conscience, mais entretient l'espoir qu'il en ira autrement demain[132]. Se remarque aussi chez lui sa manière de concevoir la conscience. Cela demande que nous revenions plus loin sur le sujet, car, à l'entendre, elle est « une sorte d'illusion » ou « elle n'est peut-être qu'une propriété émergente de gros réseaux de neurones, [...] une inévitable conséquence de l'intelligence[133]. »

Une curiosité se manifeste, aussi, à la pensée du chemin qu'il reste à parcourir pour diminuer le coût de dépense énergétique des machines. En effet, la puissance du cerveau humain est de 25 watts, alors que celle à consentir pour une machine aux performances équivalentes serait un million de fois supérieure.

De grosses questions se posent, en outre, ici aux chercheurs : Que cherchez-vous ? Seulement des capacités accrues pour un meilleur vivre ? Visez-vous la recherche de ce qu'est la condition humaine ? L'IA est-elle à la fois une alliée et une concurrente de l'homme ? Et peut-on parler d'évolution au sens où Darwin l'entendait ?

---

[132] *Ibid.*, p. 378

[133] *Ibid.*, pp. 365, 379

RENDEZ-VOUS AVEC DARWIN

Les guerres sont une occasion irrésistible de concevoir des engins pour résoudre des difficultés stratégiques requérant des inventions. Ainsi, l'avion prit son essor au cours de la Première guerre mondiale, et durant la seconde le développement du radar, au cours de la bataille d'Angleterre. En 1940, devant l'hécatombe de bateaux alliés dans l'Atlantique, le sonar est mis au point pour la détection des sous-marins allemands, puis viendra en décembre 1941, suite à l'attaque japonaise de Pearl Harbor, le lancement du programme *Manhattan* pour la fabrication de la bombe atomique… On parlera, cependant, aussi bien d'innovation que d'invention, car les inventions ne procèdent pas que des nécessités, comme le souligne le paléoanthropologue Pascal Picq : « les inventions techniques s'articulent avec de nouvelles représentations du monde et de nouveaux rapports à la nature[134]. »

L'auteur fait un rapprochement avec la conception que Jean-Baptiste Lamarck avait de la transformation des espèces, de leur tendance à se perfectionner en réponse à des problèmes environnementaux. Ainsi, dans cette optique, la bipédie humaine fut-elle interprétée comme due à la déforestation, amenant une créature à regarder systématiquement plus loin. Selon Lamarck, les bipèdes que nous sommes innovent en fonction des besoins et des problèmes du moment à résoudre. Il n'y a donc aucune différence entre innovation et invention. Ainsi, en Europe continentale et particulièrement en France, comme le souligne l'auteur, avec l'idée de progrès entretenue dans la tradition des grandes écoles d'ingénieurs.

Charles Darwin réagira contre Lamarck en avançant la thèse d'un autre type d'innovation, qui différencie les innovations des inventions. Ces dernières se produisent dans un premier temps

---

[134] P. Picq, *L'intelligence artificielle et les chimpanzés du futur - Pour une anthropologie des intelligences*, O. Jacob, 2019, p. 216

« sans se préoccuper des besoins des individus et encore moins des populations ou des communautés écologiques, puis par sélection différentielle, transformant l'invention en innovation ou adaptation[135]. » Mais dans un second temps, la sélection naturelle opère « en favorisant les variations les plus aptes à un moment donné » par « un processus sélectif différentiel ». Dans cette seconde étape, la sélection naturelle « n'a donc rien à voir avec un processus éliminatoire en fonction d'un but qui serait prédéfini[136]. »

L'auteur fait alors un autre rapprochement avec l'IA, cette fois, en soulignant deux approches, qui s'avèrent un calque des deux précédentes. L'une cherche à « reproduire l'intelligence humaine ou des facultés mentales supérieures très humaines ». L'autre, née au début de ce XXIe siècle, s'inspirant de la biologie et des capacités cognitives – la pratique des objets et d'autrui, en grande partie identique[137] – s'appuie sur « les réseaux de neurones artificiels[138] ». Nous voici en plein dans un « espace numérique darwinien » : nos intelligences procèdent de mécanismes non intelligents[139]. Ainsi, « des systèmes de neurones naturels ou artificiels acquièrent des compétences sans compréhension du processus global qu'elles produisent[140]. » Par où l'auteur rejoint Yann Le Cun.

Il se pose alors la question de savoir si cette évolution d'un nouveau type va entraîner un dépassement de l'homme par l'IA ou si nous allons entrer dans un nouvel âge de l'humanité, et apprendre à coévoluer intelligemment « avec les autres intelligences ; ce que nous n'avons pas su faire avec les chimpanzés[141] », écrit-il, car nous n'avons pas compris assez tôt

---

[135] *Ibid.*, pp. 217- 218

[136] *Ibid.*, p. 218

[137] *Ibid.*, p. 35

[138] *Ibid.*, p. 86

[139] *Ibid.*, p. 203

[140] *Ibid.*, p. 242

[141] *Ibid.*, pp .9, 265, 287

que l'évolution qui a conduit jusqu'à nous est inséparable de la leur. Il avance aussi un « peut-être » de réaction de Darwin à la question de notre évolution en train de se faire : « L'avenir de l'homme reste à dessiner dans l'espace numérique darwinien. Ceux qui comprendront l'intelligence des machines et des chimpanzés contribueront plus à l'avenir de l'humanité que la métaphysique[142]. »

Dans la même lignée du darwinisme, il souligne un aspect anthropologique jubilatoire, celui de la concordance entre l'évolution naturelle, dans sa formidable diversité, et les avancées majeures de l'IA, grâce à des acteurs aux compétences très variées, venus de toutes les régions du monde[143], manifestant une intense collaboration entre les mathématiques, la physique, les sciences informatiques, la cognitique, tournée vers le cerveau humain, les technologies du futur et numériques, dont la robotique, ainsi que des sciences de la vie, dont la paléontologie et les neurosciences.

Comme Yann Le Cun, il s'intéresse à la conscience en se demandant si la conscience de soi sera donnée aux machines, comme elle est venue à des animaux[144]. Nous allons retrouver le sujet avec le transhumanisme.

TRANSHUMANISME, ES-TU LÀ ?

Le philosophe Luc Ferry et Jean-Didier Vincent, neurobiologiste et neuropsychiatre, sont les auteurs d'un livre publié en 2000, intitulé *Qu'est-ce que l'homme ?* La date est significative au sens où le transhumanisme n'a pas encore pris l'allure prométhéenne de propos qui apparaîtront très vite après

[142] *Ibid.*, p. 295
[143] *Ibid.*, p. 146
[144] *Ibid.*, p. 57

dans la réflexion contemporaine. Les deux auteurs, qui écrivent chacun de son côté, s'interpellent en fin d'ouvrage, mais sans que jamais la révolution transhumaniste n'émerge de leurs écrits. Se devine, cependant, chez le premier un désir d'interdisciplinarité, au sens large, cette capacité des sciences à s'enrichir les unes les autres, qui rejoint, mais en partie seulement, les ambitions d'un transhumanisme exclusivement scientifique. L'intelligence artificielle, qui lui sert d'assise dans sa réflexion, connaît un premier développement prometteur, écrit-il, grâce à Alan Turing. Mais il ne se résout pas à cet exclusivisme de l'intelligence artificielle, et se réclame d'un attelage entre la philosophie et les NBIC : nanotechnologies, biotechnologies, informatique (grâce, notamment, aux big data, immenses lieux de stockage d'informations) et *cognitique collaborative* ou intelligence artificielle, permettant la collaboration des intelligences rationnelle, organisationnelle, créative, émotionnelle et sociale. Ainsi, Ferry avance-t-il en toute fin d'ouvrage qu'il lui semble qu'une « culture générale scientifique est indispensable aux philosophes d'aujour-d'hui[145]. »

Devant les dégâts possibles à venir dans l'humanité, Jean-Didier Vincent pose au philosophe la question du scandale de la mort, en soulignant que l'avenir de l'homme n'est sûrement pas dans sa victoire sur la mort[146]. Il pose aussi la question du mal, à laquelle Ferry répond que la spécificité de l'humain se reconnaît à prendre le mal comme projet, du fait de sa liberté, laquelle lui permet, en revanche, « cet autre excès que nous nommons générosité ou amour[147]. »

Luc Ferry reprendra la plume dans un livre, *La révolution transhumaniste*[148], publié en 2016. Il y décrit deux formes de

---

[145] L. Ferry, J.-D. Vincent, *Qu'est-ce que l'homme ?* O. Jacob, 2000, p. 296

[146] *Ibid.*, p. 278

[147] *Ibid.*, p. 297

[148] L. Ferry, *La revolution transhumaniste – Comment la technomédecine et l'ubérisation du monde vont bouleverser nos vies*, Plon, 2016

transhumanisme, en distinguant d'abord le « biologique », héritier du siècle des Lumières, avec Condorcet, fidèle de l'héritage rousseauiste, qui professe « une *perfectibilité* potentiellement infinie de l'être humain », et sa capacité infinie dans l'ordre des « facultés intellectuelles, morales et physiques[149] ». Il voit ensuite « une hybridation systématique homme/machine mobilisant la robotique et l'intelligence artificielle davantage encore que la biologie[150]. » Il mentionne Ray Kurzweil, un des chantres de l'*Université de la Singularité*, financée par Google, qui présage « un homme *interfacé* avec un ordinateur, avec tous les réseaux du Net, grâce à des implants cérébraux, et qui serait alors *posthumain*[151]. » Viendra donc le jour où les forces obscures de la nature seront maîtrisées. Alors, la biologie sera parvenue à son terme et laissera place à une vie où l'esprit n'a plus besoin de la vie organique. Le corps humain sera alors entièrement démobilisé[152]. Bill Gates, fondateur de Microsoft, Stephen Hawking, physicien, et Elon Musk, connu pour ses fusées réutilisables, les SpaceX, et ses ambitions de colonisations en dehors de la Terre, en sont les chantres très médiatiques, à la fois quelque peu inquiets, paradoxalement, mais si ardents. Seulement, comment est-il possible que le biologique soit ainsi largué par l'esprit, alors que le nombre d'espèces étudiées aujourd'hui ne représente, sans doute, que 10% du total, et que des merveilles de comportements de la nature, aptes à nous inspirer, se révèlent, ainsi que nous le verrons plus loin ? Tout se passe comme si le transhumanisme acceptait, sans l'ombre d'une hésitation, le risque de se condamner à une ignorance, qui contredit l'inné désir humain de découvrir toujours plus.

La mort intervient, on s'en doute, dans les propos de Luc Ferry. Sans doute, resterons-nous des mortels, mais il est à

---

149 *Ibid.*, pp. 48-49

150 *Ibid.*, p. 49

151 *Ibid.*, p. 50

152 J.-G. Ganascia, *Le mythe de la singularité - Faut-il craindre l'intelligence artificielle ?* Seuil, 2017, p. 70

penser, selon lui, qu'un jour la longévité humaine sera considérablement augmentée. Avec humour, l'auteur se demande avec Woody Allen si, à la fin, l'éternité, ce n'est pas un peu long. Il reconnaît, cependant, que le sentiment de la finitude aiguise le projet de se battre pour la vie. Des réactions apparaissent ainsi, face à la perspective de la mort, donnant lieu à une opposition frontale entre pessimistes et optimistes, avec cette limite que le risque de populations à plusieurs vitesses voie le jour et les injustices que l'on devine, en raison des inévitables moyens financiers pour parvenir à la prolongation personnelle de l'existence.

Comment réagir face à des réactions aussi contrastées ? Luc Ferry s'appuie sur un économiste des années 1940, Schumpeter, qui parle de « destruction créatrice » en matière d'innovation, de destruction et de création d'emplois dans le capitalisme. La démocratie en connaît les effets, ajoute-t-il, et il en vient à parler de « dépossession démocratique », contrairement au discours de la science moderne qui professait une émancipation de l'humanité Nous sommes, en réalité, sortis aujourd'hui de cet a priori.

Comment dépasser, alors, l'antinomie entre optimisme et pessimisme ? L'auteur y voit une donnée anthropologique : les conflits qui ensanglantent le monde, s'ils sont tragiques, opposent bien davantage des légitimités opposées que des bons et des méchants, des justes et des salauds[153]. Mais comment aller plus loin ? Il ne s'agit pas de tout autoriser ou tout interdire, avance-t-il ; ce qui suppose la création d'un « espace public où politiques et intellectuels cultivent l'attention des opinions publiques[154]. » Le tout sera de vérifier que le monde politique n'est pas muselé par la rapidité et la technicité des révolutions en cours.

Luc Ferry évoque aussi le transhumaniste James Lovelock, qui publia en 1979 un livre, intitulé *La terre est un être vivant -*

---

153 L. Ferry, *op.cit.*, p. 222

154 *Ibid.*, pp. 201, 223, 235, 238

L'hypothèse Gaïa, selon lequel la biosphère pourrait être plus que l'ensemble de tous les êtres vivants : « Gaïa serait ainsi une entité qui, à travers l'une de ses composantes, en l'occurrence l'humanité, développerait des savoirs lui permettant de se protéger, de s'adapter et de survivre[155]. »

Il apparaît donc que le transhumanisme est à déclarer, pour l'heure, au pluriel. Un sigle, NBIC, en est la caractéristique, où règne l'interdisciplinarité, cette alliance d'un ensemble très varié de domaines et de compétences, digne d'une ruée vers l'Ouest.

Des concepts classiques en viennent par là à être mis en question ou délibérément rejetés, après avoir été longuement médités dans les humanités de la philosophie. Ainsi, l'existence du libre arbitre.

L'INEXISTENCE DU LIBRE ARBITRE ?

Yuval Noah Harari, qui s'est fait connaître par deux ouvrages très médiatiques, l'un, *Homo sapiens*, publié en 2015, l'autre, *Homo deus*, en 2017, emploie à profusion dans le second le concept d'algorithme, qui le conduit jusqu'à miser en son pouvoir quasi absolu de régner sur l'avenir. Ainsi, les organismes sont-ils, à ses yeux, des algorithmes : « les girafes, les tomates et les êtres humains ne sont que des méthodes différentes de traitement des données[156]. » L'individu libre n'est qu'« une fiction concoctée par un assemblage d'algorithmes biochimiques[157]. » Certains vont jusqu'à poser la question : l'amour ne serait-il qu'une poussée hormonale[158] ? Ainsi, aux

---

155 *Ibid.*, p. 55

156 Y.-N. Harari, *Home deus,* Albin Michel, 2017, p. 396

157 *Ibid.*, p. 326

158 *Ibid.*, pp. 418-419

dires des adeptes des big data, les algorithmes recèlent un pouvoir d'auto-engendrement, peut-être bien « sacré », à les entendre, où « aucun homme n'est encore allé… et où aucun homme ne peut les suivre[159]. » L'auteur pousse très loin sa confiance dans les algorithmes, puisqu'il va jusqu'à avancer qu'ils pourraient devenir propriétaires ! Il s'appuie pour cela sur l'idée que le droit reconnaît à des « entités intersubjectives », telles les entreprises et les nations, la qualité de « personne morale » et de « sujet de droit »[160]. Cela implique chez Sapiens que nous sommes, selon des chercheurs du siècle dernier, qu'il n'y a chez lui ni âme, ni libre arbitre, ni *soi*[161]. Il s'en suit que les algorithmes, grâce au stockage herculéen de l'ensemble des données fournies à notre sujet par les big data sur nos goûts, nos sentiments, nos choix, nos manières de penser, devraient nous dispenser d'aller voter. Une religion nouvelle est même née grâce au dataïsme, qui ne vénère ni les dieux, ni l'homme, mais voue un culte aux data, aux données[162]. » La conscience en prend un coup : « Que perdrait-on, le cas échéant, à ce que l'intelligence consciente soit remplacée par des algorithmes non conscients supérieurs[163] ? » Éric Salobir, au contact du monde de la recherche de la Silicon Valley et frère de l'Ordre des Dominicains, rétorquerait devant la perspective d'un monde judiciaire gouverné par des algorithmes, que « si l'on devait inventer un juge, il serait pétri de contradictions et d'émotions, d'empathie et d'indignations, d'espoirs et de désarrois, de doutes et de certitudes, bref, un humain dans sa glorieuse imperfection[164]. »

L'auteur de *Homo deus* ne vit cependant pas en toute relaxation sa pensée, car les risques, à l'entendre, existent d'un

---

[159] *Ibid.*, pp. 419, 423

[160] *Ibid.*, p. 348

[161] *Ibid.*, p. 304

[162] *Ibid.*, p. 393

[163] *Ibid.*, p. 423

[164] É. Salobir, *Dieu et la Silicon Valley*, Buchet-Chastel, 2020, p. 173

État policier qui surveille et contrôle tout. Cependant, il se rassure à l'idée que les humains accordent trop d'importance à leurs « désirs », qui ne résultent, en fait, selon lui, que d'« une série de processus biochimiques du corps et du cerveau », comme Jean-Pierre Changeux le déclarait déjà en 1983 dans *L'homme neuronal*. Devant ce chamboulement intérieur, il avoue, cependant, consacrer deux heures par jour à la méditation, et faire chaque année une retraite de plusieurs semaines[165]. Selon lui, « la seule grande constante de l'histoire est que tout change[166]. » On songe au *panta rhei* d'Héraclite. Nous reviendrons plus loin sur cette appréciation.

Il est, cependant, étrange de constater que l'auteur ne mentionne à aucun moment l'environnement, le fait que l'homme ne vit pas entouré de murs incolores, mais qu'il y a toujours quelque chose d'« in-nombrable » à proximité, du fait de la richesse exubérante de la vie, que ce soit dans l'observation ou la contemplation d'un être vivant, comme d'un paysage et même d'une pierre. Il semble ne s'agir pour lui que d'aspects secondaires qui ne méritent pas d'être relevés. Grand silence, donc, à leur sujet. À croire que peu importe le lieu de vie : la Terre, Mars ou la Lune. L'avalanche des chiffres de l'arithmétique, sous-jacente à l'évaluation de nos comportements évalués statistiquement à l'aune des algorithmes, fait ainsi l'économie de ces regards portés sur l'environnement, formidablement subtils en comparaison des moyens de détection des machines ? Luc Julia, grand spécialiste de techno-informatique, remarque, en réaction, que le repérage exact d'un chat, par exemple, par une machine demande une centaine de milliers d'images, alors qu'un enfant n'en a besoin que de deux pour les reconnaître à vie, en toute situation et avec quasi certitude[167]. L'argument qui consiste à reconnaître que l'acuité de lecture des images IRM sur le cerveau, par exemple, par des

---

[165] J.-P. Changeux in *Sciences et avenir*, Hors-série, oct.-nov. 2017, p. 18

[166] *Op. cit.*, p. 81

[167] L. Julia, *L'intelligence artificielle n'existe pas*, Éd. First, 2019, p.123

machines est très supérieure à celle des médecins ne suffit pas, car les machines ont besoin d'un échantillon suffisamment représentatif pour poser un diagnostic ; ce qui suppose un nombre suffisant de cas. Que penser également de sensations corporelles musculaires, qui vous inspirent et vous développent au dehors, mais encore au-dedans ? Einstein, en particulier, en eut la révélation, comme nous l'avons vu.

Notre histoire nous rappelle également que des causes infinitésimales a priori sont capables de courber l'avenir. Pensons au fameux problème de trois corps célestes en interaction, qui devient numériquement insoluble à plus ou moins long terme, alors que le système des équations sensés donner la solution obéit au déterminisme ! Comment, alors, les statistiques, manipulatrices d'une flopée de grands chiffres, reines dans la conduite des algorithmes, pourraient-elles prendre ces causes en considération ? S'ajoute à cela, le fait de charismes personnels, de dons de discernement, de prophéties, qui n'ont que faire des grands nombres. Pensons, en effet, à ces personnalités uniques, à la fois effacées et si brillantes dans leur cœur, à une mère Teresa de Calcutta, une Sœur Emmanuelle, un abbé Pierre, un Arnaud Beltrame, lieutenant-colonel qui prit en 2018 la place d'une caissière d'une grande surface de Trèbes, et donna sa vie en échange …

Des artistes en tous genres, en musique, en peinture, en sculpture, en architecture, en littérature, sont à inclure, tant leur touche personnelle, intime, est manifeste. Mais d'autres talents, en revanche, ceux à l'œuvre dans les sciences, ne font pas partie de ce registre. Avec elles, en effet, les grandes découvertes apparaissent obligatoires. Ainsi, pour ne prendre qu'un exemple, à la fin du XIXe siècle, la physique était dans une impasse. Elle ne parvenait pas à expliquer le mouvement absolu de la Terre par rapport à un supposé *éther*, cher à Aristote, et déclaré immobile. Des essais avaient été faits, mais sans succès, pour repérer des phénomènes prouvant l'existence de ce dernier. Ne tenant aucun compte de ces recherches, Einstein fera sortir la physique de cette impasse. D'autres physiciens étaient, d'ailleurs, aussi à l'œuvre dans ce chapitre ; Henri Poincaré, notamment, et Minkowski, que Einstein avait eu comme professeur de mathématiques.

UNE GRAND-MESSE SANS HUMANITÉ

Si le libre arbitre est balayé, que devient l'homme ?

Yannick Haenel, François Meyronnis et Valentin Retz ont sorti en mai 2019 un ouvrage intitulé *Tout est accompli*, dans lequel ils s'étendent longuement sur la perte du sujet. Ainsi, déclarent-ils que le « sujet absolu » ne réside plus dans l'« Homme », mais dans ce qu'ils nomment le *Dispositif*[168], le seul réel. « L'Homme est supplanté par la virtualisation du monde à travers la mise en réseau numérique[169]», les ordinateurs, immédiatement connectés, réduisant la réalité extérieure à de l'information. Le savoir se trouve, au total, *externalisé*, et n'a donc plus besoin de la mémoire biologique. Le Dispositif « agence l'entièreté de ce qui existe[170] » et se fixe lui-même des buts. Il règne sur le monde à partir des interfaces. Il contrôle le plein par le vide, et c'est depuis les interstices qu'il régente ce qui existe[171]. » Nous voici rendus « après l'âge politique », soumis au règne de la cybernétique à prétention globale. Le langage en vient à être lui-même affecté dans un refoulement complet de la subjectivité. En outre, la dialectique, chère à Hegel, fait place à « une inversion : le vrai devient un moment du faux, lequel, du coup, n'est plus dialectisable[172]. »

---

[168] Y. Haenel, F. Meyronnis, V. Retz, *Tout est accompli*, Grasset, 2019, p. 211

[169] *Ibid.*, p. 50

[170] *Ibid.*, p. 87

[171] *Ibid.*, p. 71

[172] *Ibid.*, p. 167

Question, alors : Comment sortir du Dispositif ? Il y a une solution. Pour cela, le propos des auteurs affiche clairement sa couleur chrétienne. Ils rejoignent en cela René Girard, connu pour sa thèse sur la *mimésis d'appropriation*, la contagion du désir inspiré par autrui, qui met l'accent sur le sacrifice. Son ouvrage : *Des choses cachées depuis la fondation du monde*[173], repris par les auteurs, arrive en première ligne. Ainsi, « tout ressemble à un immense autel, mais il n'y a plus de dieux ; tout est offert, mais il n'y a plus personne pour offrir[174]. » Pour Girard, « toute culture est fondée sur le crime, et elle est *meurtrière jusqu'au bout*[175]. » Les auteurs lui reprochent cependant de réduire le sacrifice à une fonction sociale. « À ses yeux, aucune implication extrahumaine sur les autels : ni Dieu, ni force spirituelle[176]. »

Ils déclarent, comme l'Église dans sa Tradition, que le Fils du Ciel est seul capable de tout restaurer, car il est à la fois le prêtre, la victime et l'autel, pour le salut du monde. Ainsi, est-il le prêtre, car il offre le sacrifice. Mais il est aussi la victime, parce qu'il s'offre par amour pour le salut du monde. Il est encore l'autel, parce qu'il remplit l'univers partout de son oblation, de sa présence active, comme l'écrit saint Paul : « Tout a été créé par lui, avec lui et tout subsiste en lui[177]. » En tout cela, il transperce le cercle qui enferme les nations, comme le suggère l'ensemble de sa mission en Galilée – mot qui, en hébreu, signifie « cercle » –, ce carrefour de nations, à l'époque, qui revêtait ainsi, déjà, une portée symbolique. Son offrande est aussi un merci adressé au Père, geste impossible à effectuer par le Dispositif, qui ne voit que lui, ensemble anonyme et abstrait, ignorant toute forme d'intelligence et d'altérité.

---

173 R. Girard, *Des choses cachées depuis la fondation du monde*, Grasset et Fasquelle, 1978

174 *Ibid.*, p. 262

175 *Ibid.*, p. 263

176 *Ibid.*, p. 264

177 *Première lettre aux chrétiens de Colosse* 1, 16-17

Rappelons-nous l'athée déclaré, Bernard Stiegler qui, très curieusement, n'hésitait pas à citer saint Paul dans sa première épître aux Corinthiens, évoquant la geste folle de Jésus : « Le langage de la Croix est folie pour ceux qui se perdent, mais pour ceux qui se sauvent, pour nous, il est puissance de Dieu[178]. »

La voix de la conscience se donne alors à entendre, mais qu'en pense une part très affichée du transhumanisme ?

LA CONSCIENCE

Un courant transhumaniste va très loin quand il déclare qu'une conscience peut être inventée grâce à l'intelligence artificielle. Nous nous sommes déjà exprimé à ce sujet dans une publication, et y revenons[179]. En effet, pour les tenants de cette thèse, l'intelligence artificielle est fondée exclusivement sur le pondéreux, les masses. Or, notamment lors d'entretiens entre Matthieu Ricard, un bouddhiste, et un astrophysicien, Trinh Xuan Thuan, une question sur la nature de la conscience apparaît : est-elle un phénomène émergent de la matière ? Ricard répond qu'elle « se poursuit indépendamment d'un support physique[180]. » « Indépendamment d'un support physique » : grosse affirmation, qui se retrouve ailleurs en Orient. Ainsi, un sage indien, Babaji, affirme : la conscience est là avant et après l'espace et le temps. Elle est « la Mère de tout ce qui existe autour de nous. Tout arrive de la conscience dans le Divin, qui est la Mère de ce qui découle du long processus d'évolution des espèces[181]. » Les chrétiens vont dans le même

[178] Saint Paul, *Première épître aux Corinthiens* 1, 18

[179] P. Egloff, *L'homme augmenté, l'homme diminué - Le grand retour,* L'Harmattan, 2019, p. 106

[180] M. Ricard, T. X. Thuan, *L'infini dans la paume de la main*, Fayard-Nil, 2000, p. 418

[181] Interview, *Le Monde des religions*, sept.-oct. 2015, n° 73, p. 37

sens avec la pensée de l'âme : âme, conscience… l'une ne va pas sans l'autre. Une question surgit : Est-il possible que l'âme existe sans le corps ? Les Grecs avant nous y croyaient. Mais il est possible d'élargir encore la question. Ainsi, l'existence des anges, ces purs esprits, est-elle attestée dans la Bible, et celle des djinns, par les croyances arabes. Jean Malaurie, plus haut, évoquait son expérience de décorporation, et donc la conscience qu'il en avait. Le transhumanisme le plus extrême n'a donc probablement pas les moyens de créer de la conscience.

En outre, la conscience serait-elle entièrement localisée dans le cerveau ? Nous savons, aujourd'hui, que le microbiote intestinal[182] concourt avec le cerveau, et que d'autres microbiotes interviennent à l'endroit du cœur et du nez, notamment.

Mais il est un domaine où le transhumanisme pourrait se montrer également défaillant, celui d'être pris dans le binaire, quand il rêve de mixage entre l'humain et l'intelligence artificielle. En effet, le digital est basé sur le discontinu, les doigts de la main, et il apparaît que l'oreille humaine en musique est capable de détecter les mini-décrochages dans la transmission des sons, se montrant par là, notamment, très sensible au mode d'impression sur CD. Ainsi, assistons-nous aujourd'hui à un retour en grâce des disques classiques en vinyle, dont les enregistrements sont basés sur l'analogique, qui pratique par nature les arrondis.

Les mini-décrochages ici évoqués sont des approximations, qui en rejoignent d'autres, celles qui font partie de notre lot quotidien. Elles nous font du bien, car elles illustrent, à leur manière, que la vérité, même lorsqu'elle est simple, savoure les subtilités. S'ajoute ainsi la part d'erreurs, voire de fautes volontaires ou innocentes, qui nous amènent à nous comparer à l'intelligence artificielle.

---

[182] G. Enders, *op. cit.*

DES ERREURS PAS COMME LES AUTRES

L'étude de l'intelligence artificielle que nous venons d'aborder dans ces pages ne s'est pas encore prononcée sur la spécificité du cerveau humain. Or, il est aujourd'hui établi que l'intelligence humaine ne se réduit pas à un algorithme. Un psychologue de renom, Olivier Houdé, apporte, en effet, la preuve que l'intelligence humaine repose sur une démarche à trois temps, qui reste à actualiser toute notre vie durant[183]. Il distingue, en premier lieu, tant chez les enfants que chez les adultes – ô combien ! –, une propension innée à des jugements et des modes de décisions souvent « trop rapides, intuitifs et irrationnels » ; ce qui amène à penser que le cerveau n'est pas toujours logique, et peut être victime d'illusions tant visuelles que sur le plan de la connaissance (système 1) ; d'où des travers, des « biais cognitifs » qui font raisonner à côté. Il pointe en second, les algorithmes logiques exacts, « lents et réfléchis », qui, eux, font raisonner droit (système 2). Enfin, en troisième, « le contrôle inhibiteur » ou rectificatif qui bloque – du moins, est-ce la consigne – les intuitions défectueuses, pour laisser le champ libre aux algorithmes, inhibe des travers cognitifs, et offre donc une résistance gagnante (système 3).

Devant le constat, en pratique lourd de conséquences, l'auteur insiste sur la responsabilité des informaticiens à dominer le flux colossal de données supposées représentatives du flot immense des personnes enregistrées, suivies à la trace, au quotidien, sur le plan des dépenses, des préférences, des manies, du recours à Internet et des automatismes, qui sont devenus monnaie courante ; d'où des résultats parfois aberrants fournis par l'intelligence artificielle, dus à des extrapolations trop rapides, finalement non fondées.

Il en vient à se poser la question du pourquoi des limites de notre cerveau, qui a tant reçu depuis les origines de la vie, avec

183 O. Houdé, *L'intelligence humaine n'est pas un algorithme*, O. Jacob, 2019, pp. 48-49

la sélection naturelle, gagnante, s'est complexifié dans les émotions, les sentiments, et dans la logique déjà à l'œuvre chez le nourrisson. Comment se fait-il que le cerveau reste « si souvent illogique et irrationnel dans ses décisions, plus tard, c'est-à-dire dans l'adaptation biologique par la pensée ou la cognition au cours de la vie[184] ? »

L'auteur admet, cependant, qu'un contrôle inhibiteur complet (ordre et exécution) puisse se dérouler efficacement en dessous du seuil de conscience[185]. En outre, la dimension du sens moral apparaît avec les prises de décision, liées aux émotions sociales : par exemple, « l'aversion à faire souffrir autrui[186] », marquée par la séquence « doute-regret-inhibition[187] ». Mais, curieusement, le sentiment de la faute volontaire avec son accent coupable n'est jamais déclaré par l'auteur. Le pourquoi de décisions immorales ne se pose donc, semble-t-il, pas à ses yeux.

Il se trouve, certes, avons-nous noté, la mention d'une morale en acte chez Olivier Houdé, mais qui gagne à être élargie jusqu'au sens de l'existence, de la responsabilité qui échoit à tous, jusqu'à la conscience d'une culpabilité portant atteinte à la fraternité. C'est ici qu'un rapprochement peut être effectué avec ce qui précède. Rappelons, en effet, la séquence des trois états successifs présentés par l'auteur : des décisions pas toujours réfléchies, portant atteinte à une juste réflexion, suivie d'une réaction logique en contradiction avec elles, et enfin un rectificatif pour regagner ce qui est juste.

Il se trouve qu'une profonde correspondance peut être établie ici avec la foi hébraïque en son élan fondateur. En effet, l'opération de libération de l'esclavage du peuple hébreu au pays d'Égypte offre le détail précis du processus de libération, justement en trois stades. D'abord, le constat, d'un mal ressenti

---

184 *Ibid.*, p. 184
185 *Ibid.*, p. 180
186 *Ibid.*, p. 178
187 *Ibid.*, p. 180

au sein de ce peuple, réduit en esclavage, et venu seulement avec le temps. En effet, ce n'était pas le cas au début en Égypte : seules quelques familles seulement, soit 70 personnes, comme il est écrit[188], s'étaient aventurées dans une migration, 450 ans plus tôt, alors que la famine sévissait dans leur pays. Les familles s'y étaient senties si bien qu'elles s'y installèrent, sans réfléchir aux conséquences, au point que sa population se mit à augmenter considérablement, jusqu'au moment où Pharaon réagit et contraignit les Israélites à de durs travaux. Voilà l'exil. Premier temps.

Comment en sortir ? C'est alors que Moïse est chargé par le Dieu d'Israël de libérer son peuple. Sur le plan historique, l'événement est reconnu par la foi d'Israël comme le premier signe de ce Dieu à son peuple, lequel va découvrir l'exode. Durant quarante ans, le peuple libéré vit dans le désert, et c'est là que, trois mois après sa libération, il reçoit de son Dieu, grâce à Moïse, les tables de la Loi, tel un algorithme, en quelque sorte, pour lui apprendre à faire les bons choix. Quarante ans d'école, avec des hauts et des bas, mais surtout des bas, jusqu'à faire regretter, parfois au peuple, le pays de servitude, l'Égypte. Voilà donc l'exode. Second temps.

Enfin, en troisième lieu, la terre qui avait été promise par le Très-Haut apparaît, mais avec la consigne donnée par lui, de rectifier les erreurs sans tarder, d'inhiber la tentation de pratiques détestables.

Ainsi donc, le peuple hébreu fit-il l'apprentissage d'une dynamique à trois temps : Exil-Exode-Terre promise. Une dynamique sans cesse à reprendre, car il y aura dans son histoire d'autres exils. Le judaïsme la vit encore aujourd'hui, et chacun de ses membres, se voit même appelé à professer : « C'est moi qui suis sorti d'Égypte. »

---

[188] Livres de la *Genèse* 46, 27 et de l'*Exode* 1, 1-7

Où l'on réalise, une fois de plus que sciences et spiritualités gagnent aujourd'hui, plus que jamais, à s'interpeller, et où l'on va le vérifier encore.

HISTOIRES DE TAILLE

Scruter nos orientations non seulement sociétales, mais techniques, et tester les vérités à l'œuvre, les erreurs aussi, donnent l'avantage de repérer les évolutions des collectivités, mais aussi des personnes, et d'imaginer l'avenir, car si les premières influent sur les secondes, celles-ci sont capables, grâce à des prophètes, de rétroagir sur elles. Seulement, encore faudrait-il que l'histoire à écrire s'intéresse aux *leçons de choses* du genre, par exemple, de celles apprises autrefois dans le Primaire, en y intégrant, en outre, ce qu'il faut de passion de la part des enseignants, car l'enfance, curieuse de nature, a besoin d'enthousiasme et d'attirances. Et, sans doute, faut-il aujourd'hui pousser l'initiation, à la pensée de tous ces jeunes qui, au sortir de leur établissement, se précipitent sur leur appareil pour envoyer des SMS, sans parler des intercours dans les couloirs.

Il n'y a pas si longtemps, le regard humain suffisait à repérer nombre de ces composantes de l'existence. Or, il est manifeste que les jeunes générations ne sont plus en mesure aujourd'hui de bénéficier de ces *avantages* qui étaient les nôtres, de rêver de démonter à vue d'œil tout ce qui nous était accessible. La vibration du couvercle d'une casserole d'eau qui se met à bouillir, donnait une idée du fonctionnement d'une locomotive à vapeur, sans doute dépassée par la fée électricité, mais qui continuait à faire notre admiration. L'analogie entre une conduite d'eau et une ligne électrique de courant continu nous éclairait. Le moteur à explosions, avec ses quatre temps, faisait partie du programme. La radio et le téléphone nous dépassaient assurément et avaient quelque chose de magique, mais l'analogie avec les ondes provoquées par la chute d'un caillou dans l'eau donnait de quoi deviner un petit quelque chose. Le modèle de l'atome, selon une analogie devenue obsolète, mais encore parlante, avec le système solaire trouvé par Rutherford, se montrait, lui aussi, à notre portée. Tout un monde se révélait ainsi, qui paraissait presque accessible, d'autant que même si des rudiments d'assimilation prenaient du temps, la vitesse du progrès dans les sciences nous apparaissait comme naturelle ou presque, du moins sans précipitation.

Aujourd'hui, la technologie informatique, en ses fondements, est si poussée dans le minuscule, et va si vite, que l'esprit n'a plus le temps de décortiquer les exploits qu'elle recèle dans ses fonctionnements. Un nombre considérable d'appareils disposent d'une informatique embarquée qui dépasse l'imagination, mais qui n'étonne plus en rien la plupart d'entre nous, comme s'il s'agissait d'une normalité, et ne méritait donc pas considération. N'y a-t-il pas ici un oubli dommageable pour notre intelligence, dont nous mesurons mal les conséquences ? Savoir comment ont été générées ces merveilles, quelles ont été les grandes étapes, les difficultés à franchir pour les amener aux performances actuelles, et réaliser par là les difficultés qu'il fallut surmonter pour y parvenir, avec les innombrables pertes en vies humaines consenties, devrait figurer dans l'histoire des sciences enseignée. Il s'agirait de livrer quelques aspects très parlants de domaines exemplaires pour donner à penser aux jeunes. Qu'avons-nous fait de cette histoire, qui appartient à la grande histoire ? Tout se passe comme si nous devenions des exécutants aveugles ignorant la question du sens ou du non-sens de ce qui advient.

Un patrimoine est donc à reconnaître ici, en relation avec l'évolution. Mais, penseront certains, le fait, jusqu'à il y a peu encore, de ne pas avoir vu et compris en direct les milliards d'infimes fonctionnements de notre cerveau n'a pas empêché les exploits, nés grâce à lui, et n'a engendré aucun traumatisme. Seulement, n'est-il pas significatif que les paléontologues existent encore et scrutent notre passé, l'évolution qui nous a conduits jusqu'ici, et que les enfants soient si sensibles aux... dinosaures ? Il est à se demander également si le transhumanisme éprouve le besoin d'un intérêt pour l'histoire et si, en conséquence, il n'a pas décrété que nous n'avons plus besoin d'histoire, de leçons de choses, qu'il ne sert plus à rien de vouloir scruter le passé. Question de taille, qui semble ne pas apparaître, tant le *voir* immédiat, sans recul, tend à prendre aujourd'hui une place exhaustive, parce que réputé *c'est comme ça.*

VOIR AUTREMENT

Voir, quelle aubaine ! Les écrans sont aujourd'hui partout ; avec les selfies, notamment. En outre, tout se stocke par voie numérique, jusqu'à vouloir tout emmagasiner Il est permis de se demander, cependant, si à force de les accumuler à côté de nous (je ne suis pas mon portable), notre cerveau arrivera à leur garder une résonance intérieure, pourtant si nécessaire. N'y aurait-il pas, alors, insidieusement, une démobilisation et une dégradation de notre mémoire biologique, avec le risque de laisser de côté ce qu'il y a de plus cher pour nous ? Le goût du *par cœur*, perdu, pour commencer, avec les tables de multiplication, du fait de l'apparition des petites calculettes de poche, généralisée par la suite à une foule d'autres domaines, et sous prétexte qu'en quelques clics Google vous donnera la réponse, en est un autre signe. Cependant, le réflexe des jeunes aujourd'hui étant d'être branchés en réseaux, n'y a-t-il pas là un gain à attendre, à condition de sortir de l'entre-soi, et donc une aptitude née d'une mise en commun des intelligences, pour notre humanité, et dont nous n'avons pas encore idée ?

S'installent aussi dans la vie professionnelle des connexions à outrance privilégiant l'immédiateté du visible au détriment d'un voir autrement ; d'où l'apparition justifiée d'un besoin grandissant de *techniques* de déconnexion favorisant l'intériorité, mais aussi de *tiers-lieux* d'investissement personnel. L'esprit éprouve manifestement le besoin de se débrancher, de respirer un autre air. Le phénomène, que la 5 G accentue plus encore, atteint toutes les générations. Il va si loin, avons-nous vu, qu'une foule se gave de SMS, de tweets et de vidéos en tout genre.

Le repos de la nature est à honorer. Les paysans d'autrefois le pratiquaient en vivant avec les bêtes de trait, au moment de la sieste. Le Dieu du peuple hébreu le vivait déjà, au « septième jour » de la Création, heureux de passer sa *journée* à ne rien faire d'autre que de contempler l'œuvre accomplie.

Les jeunes générations, à l'opposé, donnent l'impression d'un désir d'activités pratiques permanent et d'une immédiateté de pensée, grâce au réflexe, sans doute justifié, de consultation de moteurs de recherche. Seulement, devant ce constat, ne faut-il pas leur souhaiter, comme à nous-mêmes, une part d'ennui – autre façon de parler du manque –, pour mieux réfléchir à l'intérieur, à ce que nous sommes, sans chercher à se brancher en permanence, de façon addictive et compulsive sur les réseaux ?

Yuval Noah Harari déclare, avons-nous lu, éprouver le besoin périodique d'une pratique de la méditation profonde, comme si un trop plein affectait ses activités courantes, engendrant un burn-out, et nourrissait le désir d'un certain laisser aller, d'une addiction qui a du mal à être combattue.

Le laisser aller ne constitue pas nécessairement une imperfection. Il arrive d'ailleurs qu'il y ait de l'insupportable dans la perfection, bien que l'école entretienne justement la capacité d'entretenir cet objectif. Avoir tout juste, quel rêve ! mais seulement dans un cadre limité, car le manque semble nécessaire à notre humanité. Un référent reconnu toujours présent à nos côtés, comme un enseignant qui en sait plus que l'élève, empêcherait toute initiative.

Cependant, le zéro défaut des techniques se justifie grâce à la confiance mise en elles, mais avec le risque de ne plus accepter les défaillances, de durcir le ton et d'effacer quelque chose de l'humain. Ne plus tolérer le manque, en effet, revient à porter atteinte au désir, à l'avenir. Les enfants aux mistrals gagnants nous rappellent que leur particularité n'empêche pas la beauté de s'exprimer. La vulnérabilité, la faiblesse se révèlent chez eux hautement compatibles avec le don paradoxal, de leur part, d'un salutaire enseignement à destination des autres. Il y a, comme le montre Boris Cyrulnik, une grâce attachée à des manques. Ainsi, lorsqu'il commente tous ces génies de la littérature qui ont manqué d'affection dans leur enfance. Dans son livre *La nuit, j'écrirai des soleils*, il reconnaît être devenu un homme résilient, grâce à l'écriture, et s'être épanoui après 40 ans de silence, suite à une rafle opérée par les nazis, dont il échappa de justesse, en janvier 1944, mais qui le rendit orphelin. Il remarque que sur 35 écrivains français des plus célèbres du XIXe siècle, 17 ont été orphelins ou abandonnés dans leur enfance[189], et que la souffrance peut être transformée en œuvre d'art. Il note aussi, malicieusement, qu'Arthur Rimbaud pouvait s'isoler dans les latrines pour stimuler sa créativité[190]. À l'âge

---

[189] B. Cyrulnik, *La nuit, j'écrirai des soleils*, Odile Jacob, 2019, p. 134
[190] *Ibid.*, p. 49

de 16 ans, ce dernier avait osé écrire : « L'aventure du voyant, un long, immense et *raisonné* dérèglement de tous les sens[191]. »

De tout cela, l'intelligence artificielle pourrait-elle en vivre quelque chose ? Le transhumanisme, de son côté, a quelque chose de haïssable, quand il nie la part de vulnérabilité qui caractérise l'humain. La souffrance nous humanise. Cela ne signifie pas pour autant qu'elle soit toujours bonne. Seulement, pour Alfred de Musset, « aussi longtemps qu'un homme n'a pas souffert, il reste un inconnu pour lui-même. »

Le goût pour la suprématie toujours assurée, telle une dictature de l'esprit, continue de sévir comme un attrait naturel, depuis la nuit des temps, et la tentation de l'absolutiser qui en est faite continue de se vérifier, en maints domaines. Seulement, la perfection n'étant pas de ce monde, l'Intelligence artificielle aurait-elle les moyens d'y prétendre ?

L'INTELLIGENCE AUGMENTÉE, UNE ALLIÉE

Notre époque est marquée par l'avènement d'un numérique boulimique, déclaré par beaucoup maître en puissance. Il s'infiltre irrésistiblement partout, jusqu'à concurrencer l'intelligence humaine, grâce aux algorithmes, capables d'ordonner dans le détail une logique, et de rendre compte de comportements humains très élaborés. Il va même, aux dires d'impénitents d'un progrès sans limite, jusqu'à savoir mieux que vous tout ce qui vous intéresse. Alors, pourquoi aller voter ? Seulement, prétendre sonder totalement chacune de nos personnes à partir de l'ensemble de ses intérêts sur Internet pour découvrir ses goûts, ses peurs, ses refus est une chose, mais susciter d'autres goûts est une autre paire de manches.

---

[191] O. Houdé, *op. cit.*, p. 97

Des philosophes en viennent à se poser la question de l'influence de l'intelligence artificielle sur les personnes âgées, appelée avec les robots humanoïdes à collaborer à leur prise en charge. De son côté, l'enseignement scolaire reconnaît chez les élèves des zones du cerveau nouvellement investies avec les sciences cognitives, l'arrivée des nouvelles technologies de l'information et de la communication (NTIC). Des questions apparaissent : Où sont les gains ? Mais n'y a-t-il pas des pertes, également ? Et, dans l'affirmative, comment redresser la situation ?

Selon Luc Julia, il vaudrait mieux parler d'intelligence augmentée, au sens où elle aide à augmenter l'intelligence en tel domaine, mais sûrement pas en tout domaine. Sans doute, mais une crainte n'est-elle pas de laisser croire que l'homme à venir sera plus grand que ses prédécesseurs, et qu'il y a donc des écarts d'intelligence entre générations ? Il existe de vieilles vérités, avons-nous remarqué, toujours jeunes, et qui refont surface, montrant ainsi par-là l'importance de l'Histoire. Ainsi, arrive-t-il encore que les rigoles en terre des jardins, que l'on croyait avoir éliminées en les comblant, se ravivent d'un coup, l'eau s'étant mise à recouler par là, bien des années plus tard, un jour de pluie exceptionnelle. Le fait pose la question de la suffisance affichée par certains de l'intelligence artificielle, ignorante de vieilles vérités ou encore de l'inné, face à la personne humaine et à son histoire.

L'auteur précise que les ordinateurs sont capables de faire des démonstrations avec des raisonnements qui nous échappent. Mais cela ne prouve pas pour autant, ajoute-t-il, que nous soyons incapables de retrouver les démonstrations. Seulement, cela prendrait tellement de temps que le coût en serait prohibitif[192].

L'intelligence artificielle est donc au rendez-vous en d'innombrables domaines. Il en est de très remarquables,

---

[192] L. Julia, *op.cit.*, pp. 150, 178-180

démontrant aussi des capacités incontestables de compétences, avec le GPS, par exemple, qui nous suit à la trace et nous mène à bon port, et dans les canalisations d'eau enterrées de nos villes et villages, avec les fuites d'eau souvent considérables, et repérables, elles aussi, par géolocalisation. Rappelons-nous encore le formidable télescope, de 12000 km de diamètre constitué d'un ensemble de 8 télescopes répartis sur la Terre, et qui a été rendu capable de détecter le premier trou noir. Des interprétations ultraperformantes des IRM et autres images en médecine, plus fiables que celles des spécialistes, sonnent en ce domaine le glas de la supériorité humaine, même s'il appartient aux médecins de décider en dernier ressort de ce qu'il en est, avec les risques inévitables d'interprétation qui demeurent, et sans oublier que les concepteurs de ces exploits ne sont pas des machines. Il apparaît également que, grâce aux big data, des compétences variées œuvrent en correspondance non pas hiérarchique, mais transversale avec de nombreux acteurs : chercheurs, cliniciens, mathématiciens, ingénieurs, informaticiens, techniciens, mais aussi malades, grâce à leurs ressentis corporels, diffusés et détectés dans les réseaux sociaux. Des progrès sont ainsi espérés dans le traitement de maladies touchant le cerveau, grâce à l'analyse en masse d'IRM : Parkinson, Alzheimer, autisme, épilepsie, dépression, etc. Plus que cela, il est avancé que des signes avant-coureurs de ces affections devraient pouvoir être diagnostiqués.

Pensons aussi aux fraudeurs, grands agenceurs de fraude fiscale, qui ont dorénavant à se méfier d'algorithmes capables de détecter des transferts d'argent aux justifications douteuses, donnant ainsi au Ministère des Finances de quoi les inquiéter. Parler d'intelligence artificielle éthique a donc un sens. Un rôle de sensibilité en vient à lui être confié en même temps dans le diagnostic d'évolution de la surface des eaux maritimes, contribuant ainsi à sensibiliser les Terriens que nous sommes à la menace que fait peser l'effet d'une montée des eaux due au réchauffement climatique. Des modèles climatiques viennent ainsi d'être conçus pour estimer les conséquences, en 2050, d'une élévation de la température de 3,5° C, avec l'appui d'images de simulation pour sensibiliser mieux encore l'opinion. Voilà de quoi nous impressionner. Un institut québécois d'IA, le centre de recherche MILA, en est à l'origine. Piloté par Marc-Antoine Dilhac, professeur de philosophie, il s'est donné en même temps pour mission de « faire progresser la société vers des buts désirables dans les domaines de la santé, de la lutte contre la pauvreté, de l'équité, du développement durable[193]. »

L'IA est donc, assurément, une alliée, et à l'école, déjà, même dès la Maternelle. Ainsi, Olivier Houdé, l'ancien instituteur, entend-il déployer toute son énergie pour expliquer directement aux enfants « comment fonctionnent les circuits de leur intelligence », et les amener à résister. Il prône pour cela l'accompagnement des enfants par un cerveau, *le cerveau B*, dont la fonction est de « surveiller et examiner non pas le monde extérieur, mais l'esprit lui-même, le *cerveau A*, en corrigeant ou supprimant ses schèmes inappropriés[194] du système 1, déjà rencontré, qui prend acte de ce que le cerveau n'est pas toujours logique, et peut être victime d'illusions tant sur le plan visuel que cognitif.

Comment ne pas faire mention, également, de l'apport du numérique, ce grand gagnant, lors de la pandémie provoquée par le coronavirus ? Il a permis de mobiliser jusqu'au tiers des travailleurs en France, avec le télétravail, la réalisation de visioconférences, l'assistance à l'enseignement à domicile apporté aux écoles, aux collèges et lycées, aux universités, et les consultations médicales à domicile. Pensons encore aux rendez-vous sur la toile, en famille, et à la traçabilité numérique du virus, par géolocalisation des personnes, grâce au portable. Sans doute, encore une fois, des craintes sont-elles fondées, par ce

---

[193] *Sciences et Avenir*, « À Montréal, dans le quartier général de l'IA éthique », janvier 2020, p. 87

[194] O. Houdé, *op. cit.*, p. 188

dernier moyen, sur le suivi systématique des personnes, la mise à nu de l'ensemble de leurs faits et gestes, jusqu'à menacer leur vie privée.

Il est, cependant, un domaine où l'IA aura fort à faire pour convaincre les hommes, et il est permis de douter de sa réussite. Ainsi, les avancées en faits de recherches sur les voitures autonomes, notamment, n'empêcheront pas des accidents mortels, à moins de laisser au conducteur une part d'initiative. Mais à qui reviendra en vérité la faute ? Au propriétaire de la voiture ou au constructeur ? On a du mal à imaginer l'élucidation complète des responsabilités. Une illustration en fut donnée par un accident en banlieue de Phoenix, en Arizona, entre un piéton et un taxi Uber, survenu à cause d'une défaillance du système, lequel avait repéré un mobile, mais pas de piéton. Il est vrai que ce dernier n'avait pas traversé dans les clous. Seulement, une opératrice à bord du véhicule, chargée du contrôle, suivait en même temps un show télévisé sur son téléphone portable. Un *facteur humain* participa donc à la cause du choc. Yann Le Cun, relatant le même fait, déclare que l'ère de la conduite autonome sans opérateur humain commencera dans les banlieues calmes, mais que la progression sera lente avant de toucher les agglomérations de grande taille[195]. Et comment accepter, ailleurs, des combattants absents des champs de bataille, manipulateurs de drones expédiés au loin, et chargés d'exterminer ? Mais n'y a-t-il pas ici un faux problème, du fait qu'une responsabilité n'est endossable que par la conscience ? Jusqu'à l'heure, en effet, l'IA n'a pas de conscience, et nul ne voit encore de perspective à ce sujet. Nous y reviendrons.

Il est des victoires d'un tout autre genre qui ne sautent pas aux yeux, tant elles dévoilent une apparence de pauvreté humaine indicible, une cause faussement perdue d'avance.

---

195 Y. Le Cun, *op. cit.*, p. 254-255

LA GLOIRE D'HUMAINS DIMINUÉS

Le transhumanisme ignore les faiblesses, parce qu'il ne rêve que de toujours plus. Or, les plus belles aventures rêvées pour nous les hommes sont celles qui n'en finissent pas de nous stupéfier, parce que même des pauvretés les alimentent et confèrent un poids de vie qui tient irrésistiblement sa demeure en nous.

Le phénomène salvateur de la résilience, vécu par ceux et celles qui ont subi une grosse épreuve, et réussissent à se régénérer, à exprimer des talents qu'ils n'auraient peut-être jamais développés sans elle, en dit long, également, sur les capacités humaines.

Un professeur de judo cite Lao-Tseu à un élève : « Échec nécessaire. », tandis qu'un autre humilie un élève pour le remuer et lui faire sentir qu'il a ce qu'il faut pour mûrir.

Un Indien, issu d'une famille de brahmanes pauvres, Srinivasa Ramanujan, illustre un abîme de réflexions sur la source de ses inspirations[196]. Découvrant les maths dans un vieux manuel de mathématiques écrit en anglais, au temps des Indes, il accouche aussitôt d'une foule de théorèmes. Il passera deux ans près de grands maîtres du Trinity Collège de Cambridge. Il mourra de tuberculose, seul, âgé de 33 ans, mais riche d'une postérité mathématique aujourd'hui reconnue, avec, notamment, la formule la plus rapide pour donner une suite de décimales du fameux nombre π, et dont personne ne connaît la démonstration !

Comment ne pas faire mémoire plus encore de jeunes enfants, cinq petits enfants de la Terre, condamnés par la médecine, mais de merveilleux acteurs d'un film intitulé *Et les Mistrals gagnants*. Jouant, leur propre rôle[197], ils dégagent auprès du

---

[196] S. Ramanujan, *L'esprit qui voulut comprendre l'infini*, coll. Génies des mathématiques, *Le Monde - L'Obs*, mai 2018

[197] *Et les Mistrals gagnants*, dont le titre est tiré d'une chanson de Renaud : *Mistral Gagnant*

monde connaisseur des larmes le sentiment inné d'un joyeux acquiescement à la vie et d'un consentement déjà très adulte, Sans le savoir, ils vivent au naturel ce qu'Albert Camus prônait quand il disait que s'habituer au désespoir est pire que le désespoir. De l'affrontement entre joie et désespoir surgit chez eux une beauté contagieuse qui fleure bon une vie bienheureuse, comme surnaturelle, mystérieusement édifiante, manifestement nourrie d'un désir éclatant de vie, que le transhumanisme ne connaîtra jamais, parce qu'il exècre la vulnérabilité et plus encore la fragilité. Curieusement, leur allure primesautière paraîtrait paradoxalement moins admirable à nos yeux d'adultes s'il n'y avait l'échéance prochaine de la mort, comme si la grandeur humaine était attachée à des histoires éprouvantes qui outrepassent notre entendement. Mettre du cœur à l'ouvrage et y demeurer, qu'y a-t-il de plus beau ?

Dans un autre registre, Jean-Pierre Changeux, qui avait été co-commissaire d'une exposition au Grand-Palais en 1993, avance que les musées favorisent le traitement de maladies. Ainsi, une expérience corroborée par lui et menée par l'association des médecins francophones du Canada et du Musée des Beaux-Arts de Montréal, à l'initiative du docteur Hélène Boyer[198], montre, grâce à l'auscultation du cerveau par IRM, lors de la contemplation d'œuvres d'art, la sécrétion de dopamine, qui se traduit par un sentiment de gratification. Déjà, aux lendemains de la seconde guerre mondiale, au Royaume-Uni, des reproductions photographiques de chefs d'œuvre avaient été proposées au choix de tuberculeux dans des sanatoriums[199], pour être affichées dans leur chambre, sans que l'on puisse parler, cependant, de guérison, mais d'une amélioration du traitement.

Par ailleurs, une pianiste, Shani Diluka, déclarait son regret d'absence des pianos anciens du XVIIIe siècle, qui affichaient une émouvante fragilité face à ceux d'aujourd'hui, si brillants

---

198 *Sciences et Avenir*, octobre 2019, pp. 82-84

199 J.-P. Klein, *L'Art-thérapie*, Que sais-je ? , 2019

en comparaison, construits avec des matériaux beaucoup plus résistants et faits pour les grandes salles.

De leur côté, les essais en laboratoire pratiqués jusqu'à la rupture des pièces de machines, avons-nous vu, sont vitales. Pas de ruptures fragiles ! C'est interdit, car avant leur mise sur le marché il faut savoir jusqu'où il est permis de les pousser. Sur le plan pratique, une limite à ne pas dépasser est exigée. Alors, bien sûr, on fait ce que l'on peut, parce que tester séparément des composants d'un appareil est toujours possible, mais pas en entier sur de gros ouvrages. L'effondrement du pont de Gênes en Italie, en fut un exemple.

Pensons encore à la manière dont un Créateur s'y serait pris pour bâtir la Terre, et aux cinq extinctions de masse reconnues qui eurent lieu dans l'évolution terrestre. Elle évoquerait irrésistiblement la *méthode* des essais et des erreurs, avec ce que cela suppose d'échecs, auxquels nous sommes tellement habitués.

Seulement, comment accepter des erreurs de la part d'un Dieu créateur, ou l'accuser d'erreurs à propos de cinq extinctions de masse ? Ou faudrait-il parler d'élimination volontaire à leur sujet, par des procédés impitoyables tout aussi scandaleux ? À moins de revenir à la nécessité de ces morts pour conduire la vie plus loin, jusqu'à ce jour lointain, dans un au-delà bienheureux, enfin pacifique, formidablement surprenant, qui fasse rêver les enfants en compagnie des dinosaures, sans oublier ce que l'évolution leur doit et le chant des oiseaux, de la même famille…

VOUS AVEZ DIT *VIRTUEL* ?

La passion pour les dinosaures a été formidablement exprimée par le cinéma, dans le genre *Jurassik Park*, qui a réussi par la voie du numérique non seulement à habiller les squelettes des musées, mais à les animer pour le grand bonheur des enfants.

Nous sommes ici, manifestement, dans le virtuel. Mais les performances poussent encore plus loin avec les animations en 3 D qui donnent l'impression d'être présent sur les lieux. En outre, de nombreux domaines de simulation ne sont pas de l'ordre de la distraction, mais au service d'applications réelles : la formation de pilotes de ligne, grâce aux simulateurs de vol, la représentation détaillée et calculée, également, de structures en bureaux d'études, et non encore réalisées – bâtiments d'habitation, ouvrages d'art, engins en tous genres. On est ici dans le domaine de la *réalité virtuelle.* Par ailleurs, des opérations chirurgicales donnant au chirurgien muni d'un casque *de réalité mixte* des renseignements ultra précis sur ce qu'il va trouver sous la peau, grâce à des images obtenues auparavant par des examens d'imagerie (radiographie, scanner et IRM), commencent à voir le jour[200]. Seulement, il est des domaines où l'expression *réalité virtuelle* a besoin d'être clarifiée. On a recours pour cela au concept de modèle, qui s'entend d'une approche quantifiée, mathématique, dans le cadre de la résistance des matériaux et de la mécanique des structures. La *réalité augmentée*, quant à elle, se distingue de la réalité virtuelle par l'ajout dans le concret existant d'éléments qui n'y figurent pas ou pas encore.

Il est aussi un domaine où le qualificatif *virtuel* s'entend encore ailleurs. Il a même tendance à être mis à toutes les sauces, comme un effet de mode. Ainsi, par exemple, à Hong-Kong, nous apprenons que, en raison d'un territoire très limité, mais très peuplé, les rites mortuaires en viennent à être mis en question ; d'où des propositions de *services funéraires virtuels*. En outre, il se trouve que durant la pandémie du coronavirus en Europe, et du fait du confinement, de l'obligation de ne pas se

---

[200] Site *www.sciencesetavenir.fr* › Santé, 5 décembre 2017

déplacer, de nombreuses familles se sont trouvées dans l'impossibilité de se retrouver aux obsèques. L'idée d'*obsèques virtuelles* a été émise, et il est à se demander si elle n'est pas appelée à être généralisée. Cependant, les frustrations manifestes qui ont été engendrées par le confinement ont révélé le manque douloureux de contacts physiques entre personnes, de sorte que ces *obsèques* ne semblent pas avoir les qualités suffisantes pour être justifiées. Il est à remarquer à ce propos que le *Petit Robert* donne du virtuel la définition suivante : « Qui n'est qu'en puissance, qui est à l'état de simple possibilité dans un être réel, qui a en soi toutes les conditions essentielles à sa réalisation. » Il faut donc réagir à propos d'obsèques dites virtuelles, car le virtuel est en dehors de la vie. Il se distingue du concret au sens strict, parce qu'il ne fait qu'imaginer ce qui peut être. Aussi, un autre mot semble beaucoup plus adapté : le *symbole*. De ce dernier, le *Petit Robert* déclare qu'il peut avoir le sens d'algorithme, de paramètre, au sens mathématique, mais aussi de personne, qui incarne une valeur, de façon exemplaire. Il a pour caractéristique de former un tout inséparable de ce qui est à tenir dans l'histoire. Il compte pour rien les distances qui séparent, en apparence, ainsi que les temps, parce qu'il les fait converger en un seul. Cela vaut tout particulièrement pour les convictions spirituelles.

III

L'HOMME, EN SOMME

UNE MYSTIQUE NON DÉCLARÉE

Totaliser, faire la somme ... Thomas d'Aquin, un Dominicain du XIIIe siècle, accoucha d'une somme, *La somme théologique.* Ce concept de somme n'a rien perdu de sa vigueur. Il persiste avec constance et alimente, comme nous l'avons déjà remarqué plus haut, la réflexion contemporaine dans le désir de tout embrasser.

Nous avons notamment remarqué trois matières réputées indépendantes : une langue, la nôtre, une philosophie trempée de mystique et la physique, et avons constaté qu'elles donnent lieu à de profondes rencontres entre elles, où on ne les attend pas, et qui nous confortent, en même temps, dans leur bien-fondé.

Nous parlons de mystique plutôt que de foi en Dieu, car celle-ci suppose des rencontres personnelles entre la divinité et ses créatures. Une grande question se pose : Quand et où commence la mystique ? Et si la rationalité, notamment celle des sciences exactes, avait la capacité d'ouvrir une porte sur la mystique, non pas que le physicien en tant que tel aurait à la franchir nécessairement, mais parce que, grâce aux résultats de ses travaux, il serait susceptible de s'ouvrir à la pensée d'un ailleurs présent, ou à portée ? Le boson de Higgs en donnera l'occasion, comme nous le verrons plus loin.

Nous n'oublions pas que les scientifiques ont, dans leur discipline, pour règle d'or de s'appuyer conjointement sur le démontré et le vérifiable. Seulement, les zones frontières des sciences, où les limites sont strictement éprouvées, se trouvent parfois *contaminées* chez nombre d'entre eux, par un doute pas toujours avoué, de type existentiel. Heureuses contaminations, car ces zones frontières font admettre la possibilité d'une porte ouverte sur un inconnu qui, d'un coup, pourrait élargir notre espace intérieur de réflexion. Chacun se trouve alors mis face à lui-même. La communauté scientifique n'a, alors, plus sa place, et laisse à chacun le poids ou l'audace du risque, à moins que par rigueur ou peur d'une humiliation décrétée de son intelligence, il ne veuille balayer sans discussion ce qui le touche malgré lui, se privant peut-être d'une ouverture inouïe.

Des exemples de zones frontières bizarres se donnent ici à reconnaître. Ainsi, un professeur de mathématiques vient de prononcer devant ses élèves une expression fétiche, quant au résultat démontré : « C'est évident. » Or, voilà que d'un coup, il leur déclare : « Excusez-moi, je reviens dans un instant. » Quelques minutes plus tard, il revient et lâche : « Effectivement, c'est évident. »

Se donne donc à lire une immense confluence de propos très divers, qui en disent long sur l'homme, non seulement sur ses capacités, mais sur son *étendue*. L'important est de trouver des raisons de lier des apparences diverses, et de donner le goût de ce qui fait penser à un plat cuisiné, à l'art de combiner différents ingrédients pour en faire un plat unique, succulent à savourer, goûteux à souhait, et à partager.

Il se trouve aussi que des apparences fort diverses cachent, en fait, des ententes implicites entre personnes, exprimant des solidarités qui mettent l'être humain « en résonance prérationnelle avec les autres humains[201] », et le rendent apte, grâce aux neurones miroirs, à reconnaître les gestes d'autrui, à les interpréter, les comprendre et les faire à notre tour.

LES NEURONES MIROIRS

Des immédiatetés nous habitent au cœur de nos relations humaines, et le monde animal lui-même en connaît. C'est comme si un singe se disait, voyant un congénère attraper une banane, « ça m'intéresse tellement que mon cerveau se prépare à effectuer la même action [...] Nos neurones miroirs entrent en résonance avec le geste de l'autre qui nous touche [...] La simple action observée déclenche l'alerte des neurones miroirs comme une sorte de réflexe interindividuel[202]. » Pensons aussi aux bâillements, si communicants, entre personnes réunies ! Aimé Césaire, le grand chantre de la négritude, reconnaît : « Je parle avec cet homme, je travaille et soudain j'aperçois sur sa face une minuscule expression qui, dans un éclair, me fait comprendre que, sous son regard, je suis un Nègre[203] ! » Comme le remarque Cyrulnik, quelque chose s'est reconnu dans l'intimité entre les deux.

Chacun de nous, par des amitiés nouées, des réciprocités éprouvées, est riche d'attaches édifiantes qui demeurent dans son esprit. Elles résistent au temps qui passe et témoignent d'un désir inné de vouloir les retenir, tel un trésor, à jamais. On ne dira jamais assez la reconnaissance de dettes imprimées en chacun de nous, qui manifestent une dépendance d'autrui paradoxalement gratifiante. Pas d'humiliation ici, mais un accord comme un don reçu, manifestant que les neurones

---

[201] J.-M. Oughourlian, *op. cit.*, p. 21

[202] B. Cyrulnik, *De chair et d'âme*, O. Jacob, 2006, pp. 154, 156

[203] *Ibid.*, p. 154

miroirs constituent la base de liens gravés dans notre cerveau, et débordent celui-ci, comme le manifeste la compassion, cette aptitude à ressentir ce que l'autre éprouve, et à le lui faire ressentir. C'est ainsi que les entrailles tiennent en nombre de situations une place primordiale, montrant combien il serait réducteur de limiter l'étendue de ces relations au seul cerveau. Une mère qui manifeste un élan à son enfant le porte encore aujourd'hui en pensée, dans ses entrailles, pour le rejoindre, par exemple, dans un événement éprouvant. Elle est ainsi fondée à croire qu'un jour, si ce n'est maintenant, il retiendra en lui cet élan maternel.

Nous découvrons donc une forme de communication innée. Il en est d'autres encore qui n'ont rien d'automatique, ne passent pas par les attitudes, les gestes, mais nous interrogent sur notre culture et nos manières de vivre le présent.

L'HOMME, AUJOURD'HUI

Nous sommes à une époque où jamais les moyens de communication n'ont été aussi spectaculairement développés. Seulement, les fausses nouvelles nous ont envahis au point que beaucoup s'y laissent prendre. Les vaccins, par exemple, feraient du mal, à les entendre, aux tout-petits. De même, les affirmations de ceux qui mettent en doute le réchauffement climatique dû à nos consommations incontrôlées.

Communication, encore, au côté un peu bizarre : des personnes dans une salle de gare ou une salle d'attente d'hôpital, ou – plus encore ! – dans des couloirs de collège ou de lycée, quand des jeunes sont assis par terre, adossés au mur, plongés, sur leur portable. Où se remarque ainsi, une fois de plus, le goût ostentatoire, à tout âge, pour les SMS ! Chacun est dans son coin, concentré devant le petit écran, au point qu'on entendrait une mouche voler. Nous vivons dans un monde rempli d'écrans, où la communication la plus ordinaire en est venue à faire souvent défaut.

Mais de quoi sommes-nous encore prisonniers ? La pensée occidentale du cosmos fut longtemps arrimée à Aristote et à son moteur premier, Dieu, sur lequel l'esprit humain n'a aucune prise, et qui fait, selon le philosophe, que ce branchement empêche une autonomie de la pensée humaine. La métaphysique aristotélicienne ne put jamais « combler l'abîme, toujours béant, qui se creusait entre la cause du mouvement, qui n'est pas mouvement, et un mouvement qui ne trouve point en lui sa raison suffisante[204]. » Descartes la congédiera, initié par un courant tout neuf appartenant au Collège Romain, entraîné par Clavius, un mathématicien. Celui-ci, dans le cadre d'éducation de la Compagnie des jésuites, fila à d'autres le virus de la foi en une nature obéissant intégralement aux mathématiques. Il eut comme pupilles « tous les professeurs de mathématiques qui enseignèrent dans les collèges jésuites jusque vers 1620, c'est-à-dire 80% des professeurs de mathématiques en Europe[205]. » La séparation entre les mondes supralunaire et sublunaire vécut alors ses derniers feux. Le temps était venu d'unir les deux physiques relatives à ces deux mondes, et supposées s'opposer : la première, en la reconnaissance des sphères célestes immuables, donc éternelles, et la seconde, en charge du transitoire, des imperfections, et de fusion de ces deux mondes en un seul. Des relations strictes et explicites se dégagèrent alors avec cette dernière, non plus entre les personnes, mises entre parenthèses jusqu'au tout début du XXe siècle, mais entre les choses, avec des lettres paramétriques les symbolisant : par exemple, un *m* pour qualifier une masse, un *r*, pour une distance entre deux masses, un *f*, pour désigner une force entre les deux.

---

204 L. Febvre, *Le problème de l'incroyance au 16e siècle*, Albin Michel, 1975, p. 347

205 J. Blamont, *Le chiffre et le songe - Histoire politique de la découverte*, O. Jacob, 1993, p. 489

Parce que l'Occident a voulu tout, ou presque, inventorier du monde matériel par le calcul, il s'est coupé, en fait, de la nature, au sens si large, sans y prendre garde. Le prix à payer a été fort : l'exclusion de l'homme, compté pour rien dans ses investigations en physique, jusqu'à l'avènement de la physique quantique. Plus que cela, le siècle des lumières a entraîné une perte de Dieu, devenu absent du monde de l'action, et l'a cantonné à distance. L'homme occidental en est venu à vouloir se prendre en charge tout seul, à se vouloir bâtisseur exclusif, à se créer lui-même. Cela l'a conduit si loin qu'il a décidé de ne devoir rendre des comptes qu'à lui seul, de sorte qu'il en est venu à se vouloir la source et la fin de l'histoire. Dans le même mouvement, un Francis Fukuyama osera déclarer dans la seconde moitié du XXe siècle qu'il n'y a plus d'histoire, et Michel Foucault, dans les mêmes eaux, que l'homme est mort.

Depuis peu, un sentiment étrange d'émiettement anthropologique nous travaille. Les différents domaines de nos vies : la famille, le travail, les loisirs, les options politiques, l'éthique, … donnent l'impression d'un manque d'unité de la personne, d'une solitude exacerbée, voire d'un isolement, dans un monde où le relativisme ambiant devient la norme, ou engendre une sécession. Une analyse du Conseil Économique (CAE) sur le phénomène des gilets jaunes montre qu'il a été amplifié par le « déclassement de l'endroit où ils vivent[206] ». Des fermetures de magasins de base, une baisse de la vie communautaire et communale, ainsi que la nécessité amplifiée de trouver du travail ailleurs, ont augmenté la fracture sociale. Un autre révélateur : des tests de compagnie avec des robots sont expérimentés sur des personnes âgées, loin de leur famille, et dont la proportion augmente dans la population française. La pratique de la médecine se voit elle-même de plus en plus réduite à de la technique, jusqu'à ne plus toucher les malades, quand ce n'est pas à distance qu'elle se voit amenée à être

---

[206] Claudia Senik, économiste

pratiquée. La pandémie provoquée par le coronavirus fera-t-elle dépasser ces propos ? Par ailleurs, les divisions spectaculaires des partis politiques, tant à gauche qu'à droite, apparues à la veille des élections à la présidence de la République en 2017, ont confirmé des ruptures de fond, et les élections européennes en 2019 ont vu apparaître 34 formations politiques en France. Un vrai mille-feuilles de positions juxtaposées et sans contact. L'émiettement est tel qu'il en vient à suggérer l'image d'une liquidation d'une société, le mot étant pris au double sens d'une fin et d'une liquéfaction, par manque d'agrégation des composantes que nous sommes. Sans doute, une nuance de taille est-elle à apporter, grâce au monde associatif, qui mobilise dans notre pays autour de 14 millions de bénévoles.

Un courant massif déclare que chacun a la faculté suffisante de définir sa conception de l'homme, revendique implicitement un individualisme autojustifié, qui apparaît manifestement dans la génération postérieure à celle qui vécut Mai 68. On retrouve ce phénomène dans l'Église catholique, avec la chute spectaculaire de la pratique dominicale, des baptêmes, des effectifs de la catéchèse, ainsi que du nombre de mariages, de célébrations d'obsèques et de séminaristes. Le phénomène atteint même, selon les sociologues, ceux et celles qui ont une responsabilité publique, qui ne lisent plus les philosophes, les scientifiques de la vie, de la Terre, du cosmos.

Par ailleurs, le travail dépensé à produire des objets échappe largement à bon nombre de nos contemporains, du fait des délocalisations massives, notamment, au point que beaucoup de jeunes ne croient plus guère à la valeur travail, contrairement à ce que les générations précédentes éprouvaient. Paradoxalement, les CDI n'ont plus le prestige qu'ils étaient supposés avoir. Les voilà mis en concurrence, en effet, avec les CDD qui ont l'avantage, à entendre nombre de jeunes, de ne pas les enfermer dans un travail localisé, une entreprise particulière, tout en autorisant, à les entendre, une année sabbatique à parcourir la planète ou presque ! Il arrive d'entendre : « Passer d'une entreprise à une autre n'est pas un problème : le travail, je le quitte quand je veux, d'autant que cotiser pour la retraite ne veut plus rien dire pour ma génération. On sait qu'il n'y en aura pas. »

Comment aider les esprits à innover ? Avec les écoles, des enseignants passionnés par la transmission d'une *bonne nouvelle* … Avec *La main à la pâte*, de Georges Charpak, prix Nobel de physique, sa méthode au service des écoles primaires, dans le but de sensibiliser les enfants à la *leçon de choses*, qui fit le bonheur d'écoliers, et la mise en mémoire, à partir du collège, des apports de la Chine et de l'Islam[207], notamment. Avec aussi les *FabLabs*, nés aux États-Unis, au début du siècle, qui essaiment en France et apportent à des enfants, des adolescents, outre le goût de la programmation informatique, celui de la fabrication d'appareils à partir de technologies de pointe, comme la découpe au laser, des imprimantes 3D, etc. Avec encore l'avertissement que l'astrophysicien Aurélien Barrau lance au monde de l'éducation : « À quoi sert-il d'enseigner les sciences aux enfants si rien n'est enseigné sur les atteintes à la santé de la nature, ravagée par les excès aveugles consuméristes[208] ? » Avec enfin des émissions télévisuelles qui font le bonheur de jeunes, comme *C'est pas sorcier* sur France 3, récemment renouvelée, et la nuit des étoiles, en ajoutant les palais de la découverte et autres cités des sciences. Un illusionniste canadien, Luc Langevin, initié auparavant aux études scientifiques universitaires, attache une grande importance dans ses prestations sur la mise en correspondance de ses manipulations avec les sciences : « Dans mes spectacles, je ne demande pas au public de croire à la magie, mais de constater, par lui-même, ce que la science offre de féerique, d'enchanteur, de spectaculaire[209]. »

---

[207] A. Djebbar, C. de Hosson, D. Jasmin, *Les Découvertes en pays d'Islam*, Le pommier, 2009

[208] A. Barrau, *op. cit.*, p. 66

[209] L. Langevin, *La science de l'illusion*, Michel Lafon, 2018, p. 15

Barbara Stiegler, professeur de philosophie politique, que nous retrouverons plus loin, reprend les propos de Walter Lippmann, un grand inspirateur de la théorie de l'évolution en matière d'histoire politique des États-Unis et de la formation des élites dans l'ensemble du monde. Il met le doigt sur la disproportion entre la faible vitesse d'assimilation des changements en tous genres produits dans la société par les citoyens, face à celle, exponentielle, de ces mêmes changements. Une question de transmission se pose donc, écrit l'essayiste américain : « Les problèmes du monde moderne apparaissent et changent trop vite pour qu'une équipe d'enseignants ait le temps de les saisir, et plus vite encore pour qu'elle ait le temps de transmettre leur substance à une population d'enfants. Si les écoles tentent d'apprendre aux enfants comment résoudre les problèmes actuels, elles seront toujours en retard[210]. ». Mais une solution n'est-elle pas à chercher dans le goût très actuel de la pluridisciplinarité, la transversalité, chez de nombreux acteurs dans un problème donné, l'interprétation d'IRM, par exemple, en correspondance non pas hiérarchique, mais transversale. Ainsi, collaborent aujourd'hui des chercheurs, cliniciens, mathématiciens, ingénieurs, informaticiens, techniciens, mais encore des malades qui diffusent dans des réseaux sociaux ce qu'ils éprouvent dans leur chair. Aussi, la transversalité, cette capacité à entendre des propos aptes à élargir l'esprit, n'est-elle pas à initier dans le cursus scolaire, dès l'enfance ? Le goût des jeunes générations pour les réseaux serait-il un signe de riche ouverture à ce propos ?

Plus profondément, à partir de ces nouveautés, un *quelque chose* semble s'allumer en nous, qui demanderait de sortir d'une convention devenue trop classique, et souvent entendue, se résumant en *C'est comme ça*, à la place de questions du genre *Pourquoi ça ?*.

---

[210] Ba. Stiegler, *Il faut s'adapter - Sur un nouvel impératif politique*, Gallimard, 2020, p. 77

La réflexion d'un sociologue et philosophe, Hartmut Rosa, nous interrogera plus loin sur le constat, partout prégnant, d'avoir succombé à une terrible tentation affectant à la racine l'ensemble de la société, notre relation au monde.

DES OASIS DANS LA JUNGLE

Le philosophe et sociologue Edgar Morin a proposé en juin 2019 un ouvrage intitulé *La fraternité* avec en sous-titre *Résister à la cruauté du monde*.

Devant le constat d'une planète au comportement mondialisé ne visant que la croissance, l'auteur observe, comme d'autres, le transhumanisme à l'œuvre, mais pour le dénoncer aussitôt, parce qu'il le voit inséparable d'une élite qui se donne à elle seule les moyens de garantir sa promotion, au prix de dépenses fastueuses, au détriment du commun des mortels. Le transhumanisme va « à contresens d'un homme amélioré dans son esprit et son éthique, capable de solidarité et de fraternité[211]. » Il vise le capitalisme vertical qui n'autorise que la pensée fondée sur le calcul, le profit, l'obsolescence programmée et le jetable qui va avec.

Devant ces dérives, les lois de la nature inspirent manifestement l'auteur. À la manière d'un Théodore Monod, qui fut un explorateur réputé du désert, et selon lequel la nature est cruelle de part en part, Morin, tout en reconnaissant ses cruautés, puise dans son observation une confiance qui a fait ses preuves. Ainsi, les exemples abondent-ils sous sa plume pour affirmer que « les espèces les mieux adaptées sont non les plus agressives, mais les plus solidaires[212]. » Deux notions, selon lui, sont à reconnaître en premier lieu dans notre humanité : la

---

[211] E. Morin, *La fraternité - Résister à la cruauté du monde*, Actes sud, 2019, p. 52
[212] *Ibid.*, p. 18

coopération et le conflit, comme dans le monde animal, mais qui n'empêchent pas la complémentarité. Ainsi, les symbioses, entre des espèces différentes : végétaux et algues, par exemple, ou entre végétaux et animaux, les fleurs et les insectes butineurs, entre animaux, aussi – pensons aux pucerons élevés par les fourmis…

Il pose la question : « Peut-on changer de voie ? » Elle passe, selon lui, par des mises en relations qui honorent à la fois la diversité et l'unité, promeuvent le local, des *oasis de vie*, mais également des fraternités, reliées les unes aux autres, sans laisser le champ libre à une mondialisation uniforme et dictatoriale. Il termine prudemment sa plaidoirie sur l'espoir à entretenir, en la soulignant d'un *si* : « si s'entrevoit la possibilité d'un futur meilleur[213]. »

Le propos est d'une sobriété qui, dans une lucidité absolue, donne à penser à la vertu d'un point fixe s'actualisant sans cesse, qui déborderait la rationalité autosuffisante, prônerait la volonté d'une utopie, et affirmerait à la manière d'Archimède : « Donnez-moi un point fixe, et je soulèverai le monde. » Ou encore, du même Archimède, troublé dans sa réflexion par le soldat qui allait l'exécuter, lui intimant cet ordre : « Ne dérange pas mes cercles. » Seulement, la mondialisation n'a-t-elle pas trouvé avec un coronavirus, un adversaire capable de la faire évoluer, tel un point fixe à réveiller par périodes ?

LA RÉSONANCE AVEC LE MONDE

Edgar Morin n'a pas la prétention de définir la cause du délabrement des relations, tant celui avec la nature qu'avec d'autres, mais nous assistons avec le sociologue et philosophe

---

[213] *Ibid.*, p. 59

Hartmut Rosa au développement d'une thèse accusant la perversion de notre relation au monde.

Des expressions apparaissent ainsi dans son ouvrage *Rendre le monde indisponible.* Ainsi, le monde tel qu'il l'entend est tout ce qui nous entoure, et nous y avons accès sur les plans scientifique et technique, économique et politique. S'appuyant sur Karl Marx, le monde lui apparaît dans un premier temps comme *ce qu'il faut élaborer* parce que le sujet que je suis « se forme et se produit dans un processus de travail sur la nature[214]. » Le processus à l'œuvre n'est pas une *appropriatio*n de la nature, mais, directement une *assimilation.* Une réciprocité entre nos personnes et le monde s'exerce de la sorte : « Nous formons et nous transformons notre environnement, nous formons et transformons le processus métabolique lui-même[215]. » Plus précisément, le monde et nous-mêmes interférons, nous transformant ainsi avec lui dans les rapports que nous entretenons ensemble. Cependant, le monde compris par Rosa n'est pas identique à celui de Gaïa, entrevue plus haut avec Luc Ferry, cette entité qui développerait des savoirs lui permettant de se protéger, de s'adapter et de survivre. Seulement, un *quelque chose* émane du monde, comme une parole, telle une personne, à chacun adressée.

L'auteur parle également de « modernité tardive », que nous pouvons lire comme une post-modernité, pour montrer que son rapport au monde est réduit à faire seulement de lui le lieu de notre gagne-pain. Dans le même mouvement, c'est le rapport au monde social qui se trouve abîmé. L'assimilation de la nature, au sens de son intelligence, de notre réciprocité avec elle, est exclue. Max Weber, dont se recommande Rosa, parle d'un monde désenchanté, rendu calculable et maîtrisable, « qui n'a pas seulement perdu sa magie et sa couleur, mais aussi son *sens*, sa voix[216]. » Et ce dernier, d'ajouter, interprétant encore Karl

---

[214] H. Rosa, *Rendre le monde indisponible*, La Découverte, 2020, p. 29

[215] *Ibid.*, pp. 29-30

[216] *Ibid.*, p. 32

Marx, que « celui pour qui le monde est devenu sourd et muet perd aussi le sentiment de soi[217]. » Tout se passe alors comme si nous en avions fini avec le monde.

L'auteur parle également de la disponibilité du monde. Rendre le monde disponible, c'est-à-dire le mettre à notre disposition, grâce aux calculs, qui permettent la réalisation d'artefacts en tous genres, l'évaluation exclusivement numérique ou presque, selon le rêve de la modernité tardive, de la santé, définie par les normes établies sous forme paramétrique (température, tension, pouls, poids, nombre de pas dans la journée, temps de sommeil et de repos, taux glycémique, etc.) ; tout cela, évalué dans le but d'apprendre à supprimer la résistance du monde. Tel est le grand dessein déclaré de l'homme post-moderne. Le pape François, dans son encyclique *Laudato Sí* tient des propos identiques quand il évoque « le mensonge de la disponibilité infinie des biens de la planète, qui conduit à la *presser* jusqu'aux limites et même au-delà des limites[218]. » Vive, donc, le monde indisponible !

Un autre mot apparaît sous la plume de l'auteur : la *résonance*. Être en résonance avec le monde, n'en avoir jamais fini avec un *quelque chose*, qui échappe, pour notre bonheur, encore et toujours, comme la *Sonate au clair de lune* de Beethoven, toujours à interpréter, sans se lasser, qui à la fois vous relance et vous échappe encore, comme le déclare le pianiste Igor Levit[219]. Une pertinence de semi-indisponibilité, de la part de l'œuvre, est ainsi entretenue.

Au total, le drame serait d'aboutir à une disponibilité intégrale du monde. Mais, à bien lire ce monde, se découvre que ce n'est pas lui « qui se dérobe ou qui se ferme, mais nous-mêmes qui faisons obstacle à l'extension de notre accès au monde[220]. » De tout cela, le monde capitaliste, poursuit l'auteur, porte la

---

[217] *Ibid.*, p. 31

[218] Pape François, *Loué sois-tu - Laudato sí*,Salvator, 2015, p. 85, n° 106

[219] H. Rosa, *op. cit.*, p. 58

[220] *Ibid.*, p. 94

responsabilité, car sa fonction est de pousser à la consommation intégrale, au toujours plus. Les déceptions des consommateurs sont à chaque fois au rendez-vous, un jour ou l'autre, car ils sont poussés par des incitations multiples à relancer le désir d'acquérir autre chose.

En somme, le toujours plus disponible rêvé n'aboutit qu'à la suppression de la résistance du monde ; d'où une société d'accroissement sans résonance, ne débouchant en conséquence que sur du vide. Voilà la contradiction fondamentale de la modernité tardive[221]. Le désir de relation se trouve ainsi commué en désir d'objet.

Cependant, très paradoxalement, voici que ce monde, vidé de ,sa présence à nos côtés, entraîne la possibilité d'un autre monde, totalement indisponible, mais sous une autre forme que l'indisponibilité originelle, qui était riche de vie à partager entre nous. Il en irait ainsi avec l'énergie nucléaire, comme un symbole de ce nouveau monde, – du moins dans le domaine de l'énergie électrique –, avec ses risques inhérents, qui nous empêcheraient de cultiver une relation de réponse et d'assimilation avec lui[222].

L'auteur s'en voudrait de prédire une fin catastrophique du monde où beaucoup, sans le reconnaître, se comportent en profiteurs patentés. Seulement, les comportements ne sont pas à une contradiction près, et alors que des fermetures de l'esprit s'affichent sans appel, l'expérience montre que des retournements de la personne réputés impossibles illuminent parfois l'existence. Seulement, nous sommes portés, plus que jamais, par l'instinct de généralisation des comportements humains, entretenue par les informations médiatiques, voire les réseaux sociaux, ne retenant que des estimations globalisantes, toujours entachées d'approximations, comptant, hélas, pour rien les comportements personnels, réputés négligeables, quant à leurs effets sur l'environnement.

---

[221] *Ibid.*, p. 141

[222] *Ibid.*, p. 138

Alors, disponibilité ou indisponibilité ? Maîtrise totale supposée des situations ou grande absence de réponses ? Ne vivre que dans la lumière, sans aucune ombre, dans la seule perfection, a pour le sens commun un aspect justement insupportable. Par où je réalise que j'éprouve en moi une ressemblance parlante avec la perception du monde qui est là.

VERS L'*APOCALYPSE*

Fin catastrophique du monde ? Voici qu'un mot s'entend, ici ou là, pour la première fois, à cette échelle : *Apocalypse*, avec une majuscule, comme le dernier livre du Second Testament, qui en vient à être prononcé, non pas au sens métaphorique précédent, mais littéral de la foi chrétienne, par l'ingénieur agronome et économiste Arnaud du Crest, qui reprend une thèse émise par Pablo Servigne et Raphaël Stevens[223], dans laquelle ils distinguent *frontière* et *limite*, deux réalités qui caractérisent la vie et la santé. D'une manière générale, il y a des seuils à ne pas dépasser, sous peine de prises de risques. Le gaz carbonique fait beaucoup parler de lui, parce qu'il pilote en partie l'évolution de la température de la planète. Des évaluations ont ainsi montré qu'une augmentation de température de 4 degrés Celsius, d'ici la fin du siècle, provoquera près de 200 millions de déplacés climatiques.

La différence entre frontière et limite réside dans le fait que la première ne provoque pas d'irréversibilité catastrophique, du moins en principe, bien qu'une incertitude règne encore en raison de mesures à vérifier en continu, laissant aux hommes le temps de réagir. Ainsi, il apparaît, par exemple, que la couche

---

[223] P. Servigne et R. Stevens, *Quand tout peut s'effondrer*, Seuil, 2015

d'ozone qui a tant fait parler d'elle, avec raison, parce qu'elle diminuait dangereusement aux pôles, pour cause d'emploi de chlorofluorocarbures (CFC) – fluides frigorifiques longtemps utilisés pour le fonctionnement des réfrigérateurs –, enregistre une amélioration, grâce à leur élimination. La limite, en revanche, sans être précise de façon certaine, également, signifie un processus entraînant la probabilité d'un changement brusque catastrophique[224]. Son emploi entend réagir contre la prétention d'un progrès sans limite, qui a été celle de l'Occident, jusqu'à l'heure ou presque.

Un ingénieur agronome, Arnaud du Crest, s'appuyant sur un groupe de chercheurs de différents pays, définit neuf frontières pour la planète, dont le climat, la biodiversité, l'acidification des océans, qui affecte les coquilles des moules, en particulier, l'azote pour les usages humains, retirée de l'atmosphère, et l'ozone. Il pose la question : Comment et sur quoi agir ? Pour cela, il met en avant le cycle qui nous gouverne : l'argent du capital, transformé en marchandises qu'il vend, et grâce auxquelles il récolte une somme d'argent supérieure, réactivant le cycle, sans limite de croissance[225] ; ce qui a pour effet de réduire l'homme à une seule dimension, l'*homme unidimensionnel*, selon Hubert Marcuse.

Il en vient à prôner une énergie *anthropique*, les *low technologies*, et non plus les *high technologies*, très énergivores. Ainsi, entre le balai et l'aspirateur, il choisit le premier. Il ne s'agit pas, à l'entendre, d'être contre la technique elle-même, mais d'éviter d'enfermer l'homme dans le « paradigme technocratique[226] », où techniques, finances et pouvoir sont étroitement imbriqués. Il reprend par là un propos du pape François dans l'encyclique déjà mentionnée[227]. Seulement, tout

---

224 A. du Crest, « Des limites aux frontières de notre biosphère », in *Connaître - Cahiers de l'Association Foi et Culture Scientifique - Réseau Blaise Pascal*, 2019, n° LIV, p.21

225 *Ibid.*, p. 24

226 *Ibid.*, p. 30

227 Pape François, *op. cit.*, n° 101, p.81

compte fait, il ne croit pas à une solution raisonnable, et il déchante curieusement quand il écrit : « La situation est désespérée, mais ce n'est pas grave. » En effet, la fin de l'humanité qui se définit comme Apocalypse dans son acception commune, n'est, en fait, pas catastrophique, mais une Bonne Nouvelle, comme le livre du même nom l'atteste : la convergence de la Création vers son Créateur, vers un Ciel nouveau et une Terre nouvelle[228].

Si, donc, l'Apocalypse, selon les chrétiens, est à prendre au pied de la lettre, s'agissant d'une *Révélation*, n'est-il pas de leur devoir de tout mettre en œuvre, en actes et en vérité, de témoigner avec d'autres de la foi dans le développement intégral de l'homme, d'une sobriété joyeuse au sein d'une Terre aux dimensions reconnues dorénavant limitées. Conscients de positions antagonistes et violentes, sûrement à accepter, de la part de jusqu'au-boutistes climatosceptiques et autres profiteurs, ils sont appelés à cultiver les dons que la vie a légués à tous.

L'avenir ne peut plus être dans le profit immédiat consumériste, mais dans une vie élargie, douée de dimensions, qui ne se contente pas de bonnes paroles. Un Pierre Rhabi, parmi d'autres, en donne une idée. Le temps d'aujourd'hui est aux coordinations à grande échelle, tant sur le plan national qu'international, mais aussi à des essais dans lesquels le local se donne le droit de parler et d'agir. Certes, dans les années 1970 des mouvements communautaires ont eu lieu, mais dans une autre ambiance, genre *peace and love*, alors qu'aujourd'hui la pensée d'un effondrement de la société culmine en nombre d'esprits. Bien plus, le confinement provoqué par la covid-19 a rappelé que des emplois très modestes sont reconnus stratégiques. Il conduit à revoir nos catégories entre élites et milieux catalogués de modestes entre tous. Plus personne, à moins d'une réaction devenue coupable, n'a les moyens de prendre de haut ces derniers. Ils sont devenus la base des liens

---

[228] A. du Crest, *op. cit.*, p. 31

communs à tous : agriculteurs, chauffeurs routiers, livreurs, caissiers et remplisseurs de gondoles des grandes surfaces, aides à la personne, livreurs à vélo de repas à domicile, auxiliaires de vie, soignants, éboueurs et tant d'autres. Et comment oublier la foultitude des petites mains à l'Étranger qui, avec des salaires de misère, nous entretiennent, et sur lesquels nous nous justifions à partir de l'argument douteux que c'est toujours mieux pour eux que d'être sans travail ?

En outre, nous avons été tellement accoutumés à confier les prises de parole publiques à des personnalités politiques qu'une disproportion sur le plan de la notoriété barre encore trop souvent la route à toute initiative citoyenne, reconnue négligeable, donc considérée à caractère privé. Des prophètes qui osent des pratiques originales sont devenus nécessaires.

Une grande spiritualiste du XXe siècle, Madeleine Delbrêl, qui vivait à Évry, une ville marxiste de la banlieue parisienne, avançait : « Nous sommes très mal renseignés sur la taille de nos actes. » Des initiatives très modestes ont des effets étonnants. En outre, autre chose est de se retirer du monde en le contrant sans paroles, autre chose d'entrer dans une logique de négociation. Les *Verts de France*, devenus *Europe Écologie Les Verts*, ont fini par comprendre, selon Daniel Boy, directeur de recherche émérite à Sciences Po, l'idée de « délégation de pouvoir[229] ».

Face à l'ampleur de la catastrophe écologique, un « crime de masse », Aurélien Barrau[230] se demande si une union serait possible entre deux courants : les tenants d'une démocratie directe et ceux d'une désobéissance civile non violente. Il prône une « saine violence d'opposition », illustrant sa position couplée à celle d'autres chercheurs en astrophysique, réputés si habituellement modérés, devant des panneaux publicitaires énergivores installés dans des stations de métro parisiennes :

---

229 D. Boy, « On ne change pas le monde en se retirant », « Chez les ultra-écolos - Précurseurs ou doux rêveurs ? in *La Croix L'Hebdo*,», 8-9 février 2020, p. 31

230 A. Barrau, *op. cit.*, pp. 129,130, 187, 189

« N'est-il pas maintenant nécessaire de détruire ou, au moins, de débrancher systématiquement ces panneaux ? »

POUR UN NOUVEL IMPÉRATIF POLITIQUE

Notre époque est marquée par un puissant mouvement largement issu des Etats-Unis, soulignant à profusion un contraste saisissant entre le « rythme très lent de l'expérience biologique » et « la transformation extrêmement rapide de l'environnement », brutalement imposée par la révolution industrielle. Il s'en est suivi, selon Barbara Stiegler[231], professeur de philosophie politique, une désadaptation de l'espèce humaine à ce nouvel environnement.

Réformer, adapter l'espèce humaine est donc inévitable, mais la question du rythme, de son évolution – l'emploi du vocabulaire darwinien n'est pas ici un hasard – se pose. Les populations, en effet, aspirent, dans l'ensemble, à une fixation naturelle, une *stase.* Seulement, un flux, plus fort qu'elle, les emporte vers un avenir, au sujet duquel la question est de savoir comment l'aborder. Quelles actions de la part des pouvoirs publics doivent-ils mener ? Comment faire pour que « cette tension nouvelle entre flux et stase, ouverture et clôture, n'alimente, du côté des masses, la montée des nationalismes, des fascismes et plus généralement toutes les formes de repli qui cherchent, contre le sens de l'évolution, à restaurer les stases et à renforcer les clôtures[232] ? » Le problème le plus profond de notre époque est de « construire une nouvelle

---

[231] Ba. Stiegler, *« Il faut s'adapter » - Sur un nouvel impératif politique*, Gallimard, 2020, pp. 14, 39
[232] *Ibid.*, p. 15

individualité qui consonne avec les conditions objectives dans lesquelles nous vivons[233]. »

Deux écoles inconciliables

Deux écoles se disputent, en fait, le pouvoir. La première, celle du néolibéralisme, est guidée par « la nécessité d'une adaptation permanente des hommes et des institutions à un ordre économique intrinsèquement variable, fondée sur une concurrence généralisée et sans répit[234]. » Il s'agit, avec elle, de rééduquer la masse par une contrainte disciplinaire, initiée autrefois « dans les couvents et les monastères », donc imposée par le haut. La discipline doit être entendue au sens classique, à la pensée d'une nature humaine déficiente, à redresser, parce que l'homme est naturellement mauvais[235].

La seconde oppose à la première la *connexion intime* du désir de démocratie et de foi dans les potentialités humaines. Elle repose sur « la bonne nature de l'espèce humaine et de ses désirs », ses dispositions à l'intelligence collective, et donc sur l'aptitude à « inventer par le bas l'avenir collectif[236] ». Elle est une biopolitique, et n'a pas besoin d'*experts*, comme la première, chargés de « réadapter de manière optimale aux exigences de la révolution industrielle[237] » la masse du public, vue comme un matériau malléable. Il convient d'ajouter aujourd'hui l'informatique à la révolution industrielle. Un « ajustement adaptatif de l'expérience vitale » est donc au programme, qui résulte d'une « interaction entre l'homme et l'environnement[238]. »

Pointe donc ici dans la première école une distinction féroce entre les plus aptes et les moins aptes. L'auteur, citant ses

---

233 *Ibid.*, p. 141

234 *Ibid.*, p. 322, citation de Pierre Dardot et Christian Laval, *La nouvelle raison du monde*, La Découverte, 2019, p. 175

235 *Ibid.*, p. 226

236 *Ibid.*, p. 4

237 *Ibid.*, pp. 100, 223

238 *Ibid.*, p. 104

sources, va jusqu'à parler d'eugénisme, de qualité de souche génétique : « Il s'agit de protéger le patrimoine génétique de toute anomalie, d'une part, mais aussi d'améliorer constamment sa qualité pour le réadapter aux besoins de l'économie[239]. » On croirait entendre ici Alexis Carrel, prix Nobel de médecine en 1912, lorsqu'il affirme que « personne ne devrait épouser un individu porteur de tares héréditaires. [...] L'eugénisme demande le sacrifice de beaucoup d'individus. [...] Le concept de sacrifice, de sa nécessité sociale absolue doit être introduit dans l'esprit de l'homme moderne. [...] L'établissement par l'eugénisme d'une aristocratie biologique héréditaire serait une étape importante vers la solution des grands problèmes de l'heure présente[240]. »

Barbara Stiegler en vient à dénoncer une dérive de la première école, lors d'une interview[241], généralisant la distinction des plus aptes et des moins aptes, non seulement dans le domaine des compétences, mais plus précisément de l'éducation des plus jeunes et de la santé en général. Ainsi, l'éducation et la santé sont devenues d'immenses machines à trier, et, de fait, le tri se met déjà en place dès le collège. Ce trait apparaît aussi dans les hôpitaux : « les files d'attente sont sélectionnées selon des critères flous, le degré d'urgence ou de gravité. » S'en suit une souffrance au travail chez les soignants. Au total, on ne forme plus, dit-elle, à la pensée critique, qui permet à un pays de construire une conflictualité politique, qui est pourtant la base de la démocratie. À l'entendre, un monde mouvant advient, auquel les jeunes devront s'adapter, et où la critique sera interdite.

Ces réactions très noires contrastent avec les propos fouillés, longuement médités, de son ouvrage, parus un an auparavant, entre les deux écoles précitées. Pourtant, nous avons assisté à des tentatives d'expériences de démocratie participative avec

---

239 *Ibid.*, p. 258, citation de Walter Lippmann, *The Good society*, 1937

240 A. Carrel, *L'homme cet inconnu*, Plon 1935, pp. 353, 355

241 *Sud Ouest*, mercredi 12 février 2020, « Souffrir est devenu archaïque », p. 5

les gilets jaunes, notamment, signe d'une volonté ambiante non négligeable de la population, ainsi qu'avec la Convention citoyenne pour le climat, mise en place par le gouvernement et composée de personnes tirées au sort. Nous ne sommes manifestement rendus qu'aux prémices d'une aventure osée, car le Parlement seul légifère…

Des diplomates tous azimuts

Une autre approche de la politique apparaît avec ce que Baptiste Morizot nomme une « Politique du vivant ». Il part du constat qu'un dualisme a conduit l'Occident à la réduction du monde animal et végétal à une ressource qu'il s'est agi de prendre et de domestiquer. Il s'en est suivi une opposition stérile entre une « raison analytique froide, qui nous met à distance de l'expérience vivante, et une sensibilité immersive prétendument libérée de la pensée[242]. » L'Occident a déployé toute son énergie à réduire son environnement à une soumission et, en fait, à son élimination pour en faire un système. Il s'agit dorénavant d'observer ce monde alentour, mais en le considérant comme partie intégrante de notre identité, jusqu'à voir en chacun de nous un *pananimal*, un animal total[243]» ou une « forêt-jardin permacole », sensible aux interdépendances, « tissée aux milliers d'autres manières d'être vivant que les animaux, végétaux, bactéries, écosystèmes, revendiquent autour de nous. » Il ne s'agit plus d'admirer un « impeccable jardin à la française ou un jardin à l'anglaise » ou encore une « parcelle de monoculture à haut rendement » de notre modernisme tardif[244]. » Plus précisément, il s'agit d'avoir des *égards ajustés* envers « les autres formes de vie qui font le monde, d'être enfin un peu cosmopoli[245]. » Pour cela, il s'agit de sortir des attitudes systémiques, remplies de conventions déjà établies, à vivre

---

242 B. Morizot, *op. cit.*, p. 143

243 *Ibid.*, p. 318

244 *Ibid.*, pp. 195, 325

245 *Ibid.*, p. 287

comme des répétitions d'une méthode issue d'une pensée arrêtée, où la nature n'a rien à dire, devenue ignorante de la liberté d'entreprendre. L'auteur refuse l'antispécisme, parce qu'il verse dans le dualisme « en faisant basculer les animaux *sentients*[246], dans la catégorie des *Personnes*, condamnant ainsi les « végétaux, les animaux non sentients, les milieux » à rester dans la nature-ressource des moyens pour les Personnes. La Personne humaine est alors constituée comme une *Fin en soi*, opposée « au reste du cosmos, qui n'est que moyen pour les Fins[247]. »

Seulement, comment incarner ce programme ? L'auteur emploie le mot *diplomate*[248]. Les diplomates ont conscience que l'homme est transformé par l'ensemble du vivant, mais celui-ci, à son tour, est transformé : un cycle s'opère, qui donne d'avancer. Ils sont des intercesseurs entre tous les vivants en présence, sans être dupes des intérêts des uns et des autres, ni ignorants des conflits. Ils reconnaissent les intelligences et l'inclination qui peut pousser à négliger les interdépendances. Ils n'ignorent pas les « désirs fauves, bien vivants » à l'œuvre, mais la « folie démesurée » ne saurait qualifier aucun animal réel[249].

On aura noté chez l'auteur la taille de l'homme, « *un peu cosmopoli* », qui rappelle quelque chose de ce que nous plaidons : un homme à la taille de l'univers. Se lit chez lui la conviction d'un ensemble formidablement dense et complexe qui resplendit de mille couleurs poétiques, et la pensée d'un immense tissage de relations tous azimuts parcourant le vivant. Il se recommande, cependant, d'un *strict matérialisme* des convergences à l'œuvre, et ignorant l'existence de phénomènes

---

[246] Capacité pour un être vivant à « ressentir les émotions, la douleur, le bien-être, etc., et à percevoir de façon subjective son environnement et ses expériences de vie » (dictionnaire Larousse). Ce mot, d'origine anglaise, pourrait être traduit en français par *sensible*.

[247] *Ibid.*, p. 284

[248] *Ibid.*, pp. 187-188, 201-203

[249] *Ibid.*, pp. 195, 203

encore inexpliqués, remarqués dans la première partie, qui ont pourtant à voir avec notre existence.

On retiendra encore de la pertinence de sa méthode qu'il ne serait arrivé à rien sans des films, tournés sur un vif spectaculaire, grâce à des caméras sensibles à l'infra-rouge, rayonné de nuit par les mammifères. Se trouve souligné par contraste le parti de Barbara Stiegler qui argumente sur l'évolution de deux écoles de pensées politiques, mais susceptible, en comparaison, de nous laisser sur notre faim. Nous en venons à nous dire : Comment mieux convaincre aujourd'hui ? Avec des discours ou des images ? Il ne saurait s'agir de choisir entre les deux types de discours, sous peine de verser dans le dualisme dénoncé par Morizot. Alors, la *diplomatie* prônée par ce dernier peut-elle trouver sa place ici ? Nous imaginons sans peine le tour de force des *diplomates* à induire une entente globale entre les parties en présence. Et comment imaginer une telle attitude sans le risque d'un engagement, en certaines situations, qui va jusqu'à risquer sa vie ? Les meilleurs témoins se reconnaissent à cette humble audace, comme le confirment tous ces prophètes qui vont jusqu'au martyre.

Cependant, un silence vient nous troubler, à la pensée de cette *diplomatie*, confrontée à l'irruption d'une menace engendrée par la révolution informatique. Cette dernière, en effet, pourrait-elle donner vie à une *algocratie*, fondée sur les algorithmes, redoutable concurrente de la démocratie, comme le souligne Éric Salobir, et qui entraînerait, sans discernement, « un glissement progressif vers la numérisation de la gouvernance, avec pour corollaires possibles la déresponsabilisation, la dépolitisation et la délégitimation[250] » ? Et se pose déjà la question de la maîtrise de l'évolution de ces nouvelles technologies : Qui la possède ? L'homme ou les algorithmes, à qui pourrait être accordée une confiance aveugle ?

---

[250] É. Salobir, *op. cit.*, p. 211

Notre Occident, la France tout particulièrement, dans la seconde moitié du XXe siècle, a appris à lire l'Histoire en privilégiant les ensembles, et non plus les personnages. Les livres d'Histoire d'hier en témoignaient, comme si les personnes nommément datées, étaient aujourd'hui reconnues sans influence marquante. En voici une, pourtant, toute humaine, qui vient de loin et d'ailleurs. Elle ne chercha jamais à s'imposer, mais inspira l'Occident par sa recherche, à la fois fidèle et jamais assouvie de chemins porteurs d'inconnues. Elle affronta des situations, parfois très scabreuses, de l'époque qui était la sienne[251], jusqu'à relever le défi d'un avenir problématique, rempli d'incertitudes, mais aussi de suites marquantes, et comme guidé par une voix intérieure.

LA MARCHE EXEMPLAIRE D'UN SÉMITE

Un sémite du XIXe siècle avant notre ère, originaire d'Harân, en Haute Mésopotamie, est une figure emblématique du judaïsme, du christianisme et de l'islam, un homme d'une carrure interpellante par sa patience, ses pérégrinations, mais aussi, parfois, les limites coupables sans fin vers des terres inconnues, qui l'amenèrent à une exceptionnelle ouverture d'esprit et une confiance en son destin, alors qu'une vie stérile, sans rémission, le condamnait manifestement, à vue humaine. Il avait 75 ans et était sans enfant. Comment, alors, une triste fin n'aurait-elle pas pu sonner pour lui ?

Mais voici que son Dieu lui demande de quitter son pays, sa parenté, et lui promet qu'il deviendra le père d'une multitude de peuples, et que son rayonnement spirituel sera universel, alors que sa femme est stérile. Il ne s'appellera plus, alors, Abram,

---

[251] *Genèse*, chapitres 12 à 25

mais Abraham, parce que devenu père d'une multitude de peuples, comme son nom muté le déclare en hébreu. Plus que cela, le Très-Haut lui annonce que sa descendance sera « aussi nombreuse que les étoiles[252] », et encore qu'une « Terre promise » lui sera accordée. Seulement, il comprend qu'il sera en quête de la chercher toute sa vie durant, en vivant sous la tente, et qu'il restera un marcheur.

Son histoire mérite, plus précisément, une attention. En effet, le judaïsme, le christianisme et l'islam reconnaissent en lui le père de tous les croyants en un Dieu unique. Sans doute, l'appel ressenti par lui, de la part de Dieu, fait-il partie d'un monde de légendes comme les pages qui le précèdent en *Genèse*, mais une histoire vraie est venue se greffer sur elles. Un auteur inconnu du nouveau Testament, celui de la *Lettre aux Hébreux*, écrit ainsi à son sujet qu'il n'atteindra jamais sur terre la Terre promise, mais qu'il la saluera de loin, en voyageur[253]. Il ne savait pas qu'il était partout sur le chemin de la Terre promise, et qu'un *infiniment plus* adviendrait encore pour lui et tous ses descendants.

Ainsi, ai-je à comprendre que le lieu où j'habite, où je suis, ne suffit pas à me localiser, car je n'ai pas de lieu assigné. Ailleurs, j'irai, et cet ailleurs que je ne connais pas encore, je m'y sentirai chez moi. Je le contiendrai donc, comme nous l'avons déjà avancé. Très curieusement, et dans le même sens, le Dieu d'Abraham, en lui demandant de quitter son pays, lui avait déclaré, si l'on prend les mots du texte hébreu à la lettre : « Va vers toi[254]. » Qu'il est grand ce *toi* !

Un anonyme du second siècle de notre ère poursuivra la pensée d'Abraham en l'affinant. Ainsi, lorsqu'il parle de ses frères en religion : « Toute terre étrangère leur est une patrie, et

---

[252] *Genèse* 15, 5

[253] *Lettre aux Hébreux* 11, 8-13

[254] *Genèse* 1,2

toute patrie leur est une terre étrangère[255]. » L'individualisme lui est fondamentalement étranger, et il se sent partout chez lui, avec cette nuance qu'un plus et un ailleurs l'attendent.

LE SENS COMMUN

Devant le constat alarmiste de l'homme perdu dans l'individualisme, et que spiritualités et religions ont du mal à restaurer, il est temps de reprendre ce que nous avons dégagé dans la première partie, de professer en son immensité potentielle la foi en l'homme, en résonance innée avec le monde et, plus encore, avec l'univers. Le sens commun, tout particulièrement, le justifie, ainsi que nous l'avons remarqué.

Les sciences y aident en amenant à la découverte de subtilités de plus en plus nombreuses. Le sens commun, si riche en intuitions réalistes, y contribue également, même s'il n'empêche pas les *a priori*. Ainsi, apprenons-nous que la distinction biologique apprise à l'école entre la femme et l'homme (XX et XY), jugée jusqu'à l'heure exhaustive, invite à la prudence et à l'aveu de jugements parfois sommaires.

Il y a un génie proprement humain dans le sens commun. Certes, un aspect contre-intuitif heurte le sens commun. Il est apparu, comme nous l'avons vu, avec la perception de la lumière : son double aspect, à la fois corpusculaire et ondulatoire. Il y a quelque chose d'éprouvant à la pensée de cette apparente contradiction, et le paradoxe éclate plus encore avec une expérience de pensée, infiniment complexe, émise par un des pères de la physique quantique, Erwin Schrödinger, sur un chat (un autre animal eût fait l'affaire, mais l'auteur fit ce choix…). Il imagine donc un chat enfermé dans une boîte

---

[255] *Lettre à Diognète*

disposant d'un dispositif mortel, mais au fonctionnement aléatoire et sans explication causale, liée à la réalité de la discipline. Le système impose un dilemme : tant que la boîte n'est pas ouverte, il faut imaginer que le chat est réputé à la fois mort *et* vivant. Cela, encore une fois, c'est la théorie qui l'impose, et elle est irréfutable. La seule façon de connaître ce qu'il en est, au juste, est alors d'ouvrir la boîte. Seulement, le simple fait de l'ouvrir supprime la superposition des deux états : le chat est mort *ou* vivant. Les esprits les plus affûtés renoncent à une intelligence complète du phénomène, et leur fait donner, comme on dit, la langue… au chat, pour reprendre un mot du physicien Étienne Klein.

Mais le sens commun n'est peut-être pas, en fait, ici en terre si étrangère, car il est lui-même amené à des choix à faire en nombre de situations, de sorte que celui qui n'entend rien à la théorie en question n'a pas à faire de complexe d'infériorité dans l'intelligence du propos. Ainsi, lira-t-il, par exemple, qu'un astrophysicien, Jean-Pierre Luminet, a un goût prononcé pour les arts et la littérature, et, un autre physicien, Michel Cassé, pour la poésie. Nous apprenons donc qu'ils vivent tous deux une double (voire triple…) attirance, laquelle peut nous apparaître bizarre, devant l'écart de compétences a priori exigées entre deux *extrêmes* qui paraissent si incompatibles a priori. La présence simultanée de ces capacités chez un être nous étonne assurément. D'un côté, en effet, règne une discipline qui s'appuie exclusivement sur le rationnel impeccable, et de l'autre se révèle une imagination échevelée, ouverte à tout vent. On pense à Pascal qui distingue « l'esprit de géométrie » et « l'esprit de finesse ». Les deux chercheurs sont reconnus uniquement pour leurs travaux en physique, et cela nous convient parfaitement, parce que nous n'avons jamais entendu parler de deux compétences géniales dans des domaines si étrangers l'un à l'autre en une seule et même personne. Une seule compétence est apparue : ils ont fait leur choix, qui seul s'est donné à connaître à leurs contemporains.

Peut-être, dans une autre vie, en auraient-ils fait un autre. Mais ils ne le sauront jamais, et nous, non plus. Ils ont ouvert leur boîte et en ont pris leur parti. Où l'on vérifie que la subjectivité est à l'œuvre en physique quantique : l'homme y est nécessairement partie prenante. Plus généralement, la vie humaine se trouve confrontée à un ensemble de possibilités susceptibles de se présenter simultanément et font hésiter sur la mesure à adopter. Il faut choisir, les réduire à une seule, car la vie est à ce prix. Le choix peut prendre du temps, mais la décision est obligée, sous peine de laisser l'histoire, la vie en suspens. Les chercheurs en physique quantique en savent quelque chose, car il n'est pas de physique sans mesures ! Ils ont des sacrifices à consentir, car les évolutions des corpuscules qu'ils étudient sont plus ou moins probables, et ils n'auront jamais accès qu'à la réduction que constitue le résultat final, en sachant que l'interprétation de ce qui a conduit jusqu'à lui restera toujours problématique, comme le souligne Julien Broboff[256].

Physique quantique et sens commun ne sont donc peut-être pas si étrangers l'un à l'autre. Mais une autre grosse branche de la physique que la précédente, la relativité générale, inspire aux physiciens un grand rêve : unir les deux théories. Le Graal de la physique ! Le sens commun est en toute rigueur dépassé par chacune, mais offre, paradoxalement, un rapprochement intuitif, que nous avons déjà abordé dans deux ouvrages[257]. En effet, la physique quantique vise des jonctions, des transmissions instantanées d'informations, tandis que la relativité générale s'intéresse aux mouvements accélérés et aussi aux attractions (repensons à Newton et à sa pomme), à des attirances, des élans. Or, à quoi rêve le sens commun ? Justement, à des relations durables et des élans aboutis. Des relations sans motif ne seraient pas attirantes, ni des élans ne pouvant atteindre des

[256] J. Broboff, *La quantique autrement*, Flammarion, 2020, p. 112

[257] P. Egloff, *Pour des interpellations entre sciences et spiritualités*, L'Harmattan, 2016, p. 151, et *L'homme augmenté, l'homme diminué - Le grand retour*, L'Harmattan, 2019, p. 78

relations. Relations et élans constituent un tout, qu'il est inhumain de vouloir séparer. Les transmissions de pensée, riches de contacts spontanément entretenus, en sont un signe. Un rapprochement curieux avec le vivant, et plus encore avec l'homme, s'éveille de la sorte. Ainsi donc, ce qui est suprêmement important aux yeux des physiciens d'aujourd'hui intéresse par nature le sens commun. Étrange paradoxe… ? N'y a-t-il pas plutôt l'indice d'une justice ? Pourquoi, en effet, de grandes et belles vérités seraient-elles inaccessibles au commun des mortels ? Et n'y a-t-il pas une cohérence à penser qu'une théorie cherchant à fouiller le réel universel puisse rencontrer à l'intime quelque chose de la vie, qui nous est si ordinaire ? Où nous retrouverions alors la pensée d'un univers en quelque sorte à taille humaine. Plus d'un rétorquera que cette réaction suppose, sans le dire, l'existence d'un sens attaché à l'univers, donc d'une *intelligence supérieure*, et qu'il faut donc se garder d'absolutiser l'affirmation précédente. Sans doute, mais sans prétendre jusque là, ne sommes-nous pas arrivés à une époque où, sans vouloir conclure, ce genre de question apparaît ?

Ajoutons au dossier la thèse de deux cogniticiens, George Lakoff et Rafael Núñez, selon lesquels toutes les mathématiques ne sont que du sens commun abstrait et formalisé. Leur argumentation est basée sur la *métaphore conceptuelle*, à distinguer de la métaphore littéraire, et selon laquelle « un quelque chose de nouveau et d'inhabituel est à comprendre en « termes de quelque chose de familier et de déjà compris[258]. Keith Develin, mathématicien versé dans l'étude du langage et de la communication, les suit en grande partie, mais plaide, en revanche, pour des mathématiques avancées dont les processus de pensée sont contraires au sens commun[259]. Si ces dernières existent, le Graal de la physique a-t-il besoin d'elles ? L'avenir le dira peut-être.

---

[258] K. Devlin, *Bêtes de maths*, Le Pommier, 2009, p. 232

[259] *Ibid.*, p. 235

Le philosophe Jean Guitton rapporte dans son *Journal* une scène insolite qui rejoint notre approche, et rappelle à sa manière les deux particules de lumière, qui ont interagi dans des circonstances très particulières, et se trouvent, depuis, corrélées, une fois mises à distance ; et cela, quel que soit leur éloignement, comme nous l'avons vu dans la première partie. « La quatrième année de notre captivité, un de mes compagnons se maria. C'était le lundi de Pâques de l'an 1944. Il était fiancé depuis 1940. Il eut l'intuition que le mariage était une grâce qui lui permettrait de porter et de sublimer divinement l'absence, pour elle et pour lui, en la changeant en une présence par la vertu du sacrement. Ce fut un singulier mariage. Dans une pauvre baraque et sans aucune présence féminine quelconque. On avait mis à côté de l'époux une chaise symbolique. Au repas, presque inexistant qui suivit, j'étais à côté de cette même place vide de l'épouse. Ce n'était pas douloureux, mais grave : une présence nous enveloppait. Et jamais je n'avais mieux compris que l'essence du mariage est dans le consentement. [...] Toute présence est trop forte pour notre regard ; nous ne pouvons la porter. Il faut qu'elle se convertisse en absence pour que nous la goûtions. [...] Dans les jours et les semaines qui suivirent ce lundi de Pâques, il m'arriva de causer avec le nouveau marié, identiquement solitaire, et de lui demander, en souriant, s'il y avait quelque chose de changé dans sa vie. Je me rappelle très bien l'esprit de ses réponses. Il me disait que le changement était immense, parce qu'il se sentait dans un état de vie définitif, appuyé sur le roc de la promesse, et parce qu'il éprouvait la présence de deux êtres, leur union substantielle, par l'effet de ce sacrement de mariage qu'ils avaient reçu. »

Sans doute, le présent propos du sens commun vise-t-il uniquement le macroscopique, alors que la physique quantique a argumenté en premier lieu sur l'infiniment petit, mais il est établi, avons-nous déjà vu, que le macroscopique est justiciable du même résultat. Le sens commun, pour sa part, reconnaît que le minuscule s'agglutine spontanément et se montre capable d'entretenir des relations souterraines stupéfiantes.

En un tout autre modèle, relations et élans se retrouvent dans la mémoire, qui jamais ne se trompe sur l'odeur et la saveur. Marcel Proust en avait fait le fondement de sa pensée, avec le morceau de madeleine sorti de sa tasse de thé, que lui avait offert sa tante. L'odeur de sainteté, chère à la tradition de l'Église, ne trompe pas, non plus.

À propos, maintenant, des événements et de leurs interprétations, les contradictions sont légion. Les commentaires varient, en effet, plus qu'abondamment, et l'histoire en donne tous les jours des illustrations. Il est d'ailleurs significatif que les Évangiles se lisent au pluriel, puisque quatre ont été reconnus officiellement par l'Église. Le christianisme offre ainsi un ensemble de perceptions qui ont mis à mal l'unité de l'Église. Mais il apparaît que l'unité recherchée rime avec diversité, au point que l'on ne parle plus guère de diversité dans l'unité, mais d'unité dans la diversité. Et ce qui suit évoque justement un rapprochement avec le développement des sciences.

DES JONCTIONS À FOISON

Des unifications dans des branches scientifiques, avec l'électricité et le magnétisme, le temps et l'espace, la masse et l'énergie, la thermodynamique et la psychologie de la motivation, mais encore la thermodynamique et la relativité, dont les équations de la relativité furent retrouvées en 1995 par Ted Jacobson, à partir des équations de la thermodynamique[260].

[260] D. Elbaz, *op. cit.*, p. 171

Pensons également aux mondes sublunaire et supralunaire devenus solidaires et non plus séparés, comme le croyait Aristote, et à l'homme perçu pour la première fois, semble-t-il, comme microcosme, au Ve siècle avant notre ère, chez Démocrite.

Des formes réputées indépendantes qui se ressemblent

Il est un domaine entre tous où les jonctions entre entités sont un donné repéré avec l'ADN, cet immense marqueur de l'unité du vivant. D'Arcy Thompson (1860-1948), qui fut professeur de zoologie à l'université de Saint Andrews, en Écosse, étudie autrement cette unité, et l'élargit en ne distinguant pas l'animé de l'inanimé. Il a le goût – et le talent – de relier ce qui, en apparence, ne va pas de soi. Cédric Villani, médaillé Fields bien connu, dit son admiration pour lui, après d'autres ténors, dont René Thom, médaillé Fields, lui aussi, et Steen Jay Gould, paléontologue. D'Arcy Thompson s'attirera au long de sa carrière une mise à l'écart systématique, même si, à la fin de sa vie, lui sera décerné le titre de docteur *honoris causa*. Il s'intéresse à la forme de ce qu'il étudie, au matériel. Peu importe donc, pour lui, qu'il y ait du vivant ou non. Ce qui importe, c'est l'étude des forces qui animent la réalité matérielle et sa morphologie. Il refuse de s'intéresser à l'hérédité et à l'évolution, non point qu'il les refuse, mais il laisse à d'autres le soin d'en parler. Il s'appuie donc sur des phénomènes exclusivement physiques « en se fondant uniquement sur des considérations mathématiques simples (lois de transformation géométrique, pesées, mesures) et sur quelques éléments de mécanique des fluides[261]. » Il existe, selon lui, « un rapport direct entre les descriptions des forces à l'œuvre dans la création des formes matérielles », et il ajoute « la méthode des coordonnées »[262]. Derrière l'apparence ésotérique de cette

[261] Th. D'Arcy Wentworth, *Forme et croissance* - Avant-propos A. Prochiantz, « D'Arcy Thompson, zoologiste géomètre », Seuil, 2009, p. 18
[262] *Ibid.*, p. 17

dernière, imaginons notre portrait devant une glace déformante, du genre de celle que nous pouvions voir, dans notre enfance, au Jardin d'acclimatation du Bois de Boulogne parisien. Imaginons, en même temps, un système qui ferait varier à la demande la courbure de la glace. Nous voici, alors, en pleine géométrie, déformante, mais dont l'auteur se réclame, et qui permet des mesures ; ce qui nous fait penser à la pratique de demander à quelqu'un ses coordonnées (son attache personnelle). Seulement, le propos de l'auteur est plus nuancé qu'il n'y paraît. Ainsi, lorsqu'il fait le rapprochement entre le crâne de l'homme et celui d'un singe : « s'il est facile d'établir séparément certains liens entre les crânes du babouin et du chimpanzé avec celui de l'homme, s'il est facile de constater que le crâne du chimpanzé est beaucoup plus proche de celui de l'homme que ne l'est le crâne du babouin, il n'est pas difficile non plus de percevoir que la série n'est pas continue, au sens strict, et qu'aucun de nos deux singes ne se situe sur la ligne directe, ni au sein d'une même série de déformations qui permettraient d'établir un lien hypothétique avec l'homme[263]. » Un rapprochement avec Henri Poincaré s'impose ici, lorsqu'il disait : « Qu'est-ce que les maths, si ce n'est de faire une théorie des choses qui se ressemblent ? »

Mentionnons cet autre domaine, qui réside dans l'épigénétique, et reconnaît une modulation de l'expression des gènes par l'environnement (la famille, la société, l'alimentation, la culture, ...). L'homme est ainsi appelé à en tenir compte pour s'identifier. Il tire donc de lui une part de son identité, et se trouve conduit, alors, à le considérer comme étant, en quelque sorte, de sa famille. Il est curieux, aussi, mais démontré, que deux jumeaux homozygotes ont des inclinations différentes dès le sein maternel, parce qu'ils n'occupent pas la même place !

---

[263] *Ibid.*, p. 313

Une ode à l'océan d'interactions des microbes

Le biomimétisme présente une foule de ressemblances, ainsi que nous l'avons vu, mais des jonctions se reconnaissent plus encore dans le monde animal et le monde végétal.

Le mot *microbe*, inventé au XIXe siècle, a dans sa commune acception une connotation négative, signifiant *petite vie*, jusqu'à devenir une *méchante vie*. Il s'avère, en fait de mieux en mieux, que les microbes, « autrefois chargés de pouvoirs pathogènes et de tous les maux, sont vitalement actifs au cœur de la santé et du bon développement végétal », et plus que cela « un organisme en bonne santé est nécessairement colonisé par des microbes[264]. » Une idée marquante, souligne Marc-André Selosse, professeur au Muséum national d'histoire naturelle, est à retenir, celle d'une *saleté propre*. Sans doute faut-il se laver les mains, mais vouloir vivre sans microbes signe d'emblée une condamnation à mort. En somme, pas de vie sans microbes. Laisser la biologie, basée sur les organes, à part du monde microbien, comme cela a été promu dans la tradition de la discipline, a été une lourde erreur dont l'enseignement souffre encore[265]. Il est à penser aussi, selon l'auteur, abordant le microbiote, rencontré plus haut, que « la médication à venir prendra peut-être en compte notre microbiote personnel pour prescrire le type de molécules et la dose adaptée à ce que nous sommes, chacun, y compris du point de vue microbien[266]. »

Un autre mot fleurit, tous azimuts, dans les propos de l'auteur : *symbiotes*. Il désigne dans l'esprit de l'auteur des « partenaires d'un vivre ensemble », mot lui-même issu de *symbiose*, définie comme « la vie ensemble d'organismes d'espèces différentes[267] ». La symbiose se distingue du parasitisme, où une espèce assujettit une autre, et du commensalisme,

---

264 M.-A. Selosse, *Jamais seul - Ces microbes qui construisent les plantes, les animaux et les civilisations*, Actes Sud, 2017, pp. 66-67

265 *Ibid.*, p. 329

266 *Ibid.*, pp. 175, 329

267 *Ibid.*, p. 15

où un partenaire nourrit l'autre sans effet sur lui. Elle s'applique au cas où « la coexistence a des effets réciproquement bénéfiques, autrement dit aux cas du mutualisme, où les deux partenaires vivent ensemble[268]. »

Un aspect spectaculaire des symbioses est leur capacité à une évolution qui excède le hasard, et que l'on peut qualifier de *convergente*. Pensons aux coraux, qui, à eux seuls, tiennent à la fois de l'animal, du végétal et du minéral. « Tous les animaux et toutes les plantes tissent des partenariats multiples ; le même type de symbiose émerge répétitivement au cours de l'évolution, y compris culturelle[269]. » L'évolution culturelle est à entendre ici au sens où « les populations, les communautés et même les civilisations, sont habitées de multiples microbes qui contribuent à leur fonctionnement[270]. » Pensons au domaine de la restauration, à la façon des peuples de cultiver des particularités en matière d'alcools, de fromages, de sauces qui sont des caractéristiques bien connues aujourd'hui, comme le *nuoc-mâm* vietnamien...

En outre, de profonds parallélismes comportementaux apparaissent curieusement entre notre tube digestif et la rhizosphère de la plante, cette portion de sol entourant les racines et dont les caractéristiques sont influencées par elles[271]. Ainsi, encore, entre la rhizosphère de la plante et le microbiote d'un animal[272]. Il est fascinant, aussi, de constater que la photosynthèse des plantes, essentiellement dépendante de l'exposition au soleil, trouve un équivalent au fond des océans, donc dans la nuit noire, des zones de dorsales, où les eaux coulent à températures élevées. Ces eaux apportent une énergie qui compense l'absence totale de lumière, et permet à des bactéries de

268 *Ibid.*, p. 17
269 *Ibid.*, p. 317
270 *Ibid.*, p. 315
271 *Ibid.*, p. 57
272 *Ibid.*, p. 339

transformer le gaz carbonique – il n'y en n'a pas que dans l'atmosphère ! – en matière organique[273].

Dessine-moi des ronds

Comment oublier, également, le fameux nombre π de la circonférence reliant des domaines qui n'ont, à première vue, rien à voir entre eux ? Que de curieux rapprochements, en effet ! Ainsi, l'oreille humaine a besoin d'arrondis comme le montre la comparaison entre les écoutes d'un CD et d'un disque vinyle. Et qui n'espérerait pas être entouré de présences gratifiantes ? La danse tournante en est un signe, et les derviches tourneurs, dans leur ronde religieuse, manifestent une relation entre un en haut du ciel et un en bas de la terre. La physique, de son côté, offre des formules où ce nombre figure à foison dans des domaines qui, a priori, sont indépendants. Ces rapprochements signifieraient-ils que nous sommes naturellement inscrits dans ce qui tourne rond ? Gros travail, alors, car le cercle ne se résout pas à sa quadrature, mais peut inspirer le défi de vouloir tout ramener à lui. Sans doute, le son monotone de la répétition identique à elle-même serait-il préjudiciable s'il résumait tout. Ainsi, les amis ont-ils besoin de désaccords pour les empêcher de tourner en rond, cultiver leur amitié, comme la ronde des prisonniers de Rembrandt qui, dans leur ronde carcérale, rêvaient sans doute, faute de mieux, d'un dehors, droit devant. Edgar Morin, philosophe et sociologue, rappelait qu'une discipline scientifique doit être à la fois ouverte et fermée. Fermée pour rester elle-même, mais avec un devoir d'ouverture devant la fécondité de la communication entre différentes disciplines. Ainsi, un psychiatre, Serge Stoléru, découvre que la neurobiologie, l'étude du cerveau, offre un passage de frontière avec la psychiatrie[274]. Freud, de son côté, reconnaissait nombre de lacunes dans sa théorie, mais s'attendait en 1920 à les voir dépassées en remplaçant « les termes

[273] *Ibid.*, p. 337

[274] F. Tristani-Potteaux, *op. cit.*, p. 90

psychologiques par des termes physiologiques ou chimiques… La biologie est un domaine aux possibilités illimitées. Nous devons nous attendre à recevoir d'elle les lumières les plus surprenantes[275]. »

Mathématiques naturelles et mathématiques abstraites

De son côté, la physique rencontrée plus haut n'aurait pas pu naître sans un outil ultra-performant, les mathématiques qui, sous un air abstrait, ont démontré un contact avec le réel. Seulement, il existe une autre aptitude des mathématiques à rencontrer la nature. Ainsi, qui n'a jamais admiré ces oiseaux posés sur la route et qui s'envolent juste à temps pour échapper à la voiture qui arrive ? Ils ont manifestement le sens de la vitesse des véhicules, des distances et de la capacité à répondre au danger. Les nids d'abeilles et leur régularité hexagonale nous stupéfient également, surtout lorsque nous apprenons que la forme des cloisons de cire et leur épaisseur, le tout allié aux dimensions des rayons, répondent au meilleur résultat en économie de matière, comme le démontra Thomas Hales[276] en 1999. Ajoutons le système de communications dont les abeilles sont dotées pour avertir les autres des lieux où butiner, avec la « danse en huit, qui indique la direction et la distance précises de la nourriture[277]. » On en vient à parler aujourd'hui de démocratie dans le monde animal. Ainsi, les abeilles, entre autres espèces animales, la pratiquent en mettant, en quelque sorte, aux voix, la qualité de la danse[278] ! Les toiles d'araignées méritent aussi nos félicitations avec leur surface, bâtie à partir d'une spirale temporaire, qui sert, dans un second temps, à la construction d'une autre spirale, celle-ci de capture, dont l'araignée « s'efforce de garder constante la distance entre les

[275] *Ibid.*, pp. 90, 97

[276] K. Devlin, *op. cit.*, p. 75

[277] *Ibid.*, p. 77

[278] C. Crosnier, *Édito carré*, France Inter, 9 novembre 2020

tours successifs[279]. » Les castors, ces constructeurs de barrages, méritent aussi un détour, avec cette nuance qu'ils trouvent d'emblée une alliée dans la force du courant, et Keith Devlin, d'ajouter : « Il semble probable que le castor suive simplement son instinct pour collecter des débris et les placer dans le courant, et que le barrage lui-même résulte de la pression de l'eau[280]. » Où, une fois de plus, nous redécouvririons le phénomène si répandu de symbiose dans la nature.

La nature animale offre une foultitude d'autres exemples édifiants, et il en va de même dans le monde végétal. Ainsi se donne à reconnaître encore le monde des spirales avec les graines de fleurs de tournesol, qui se répartissent en deux groupes de spirales disposées en sens inverse. Pensons aussi à la répartition des feuilles d'une plante autour de la tige, qui suit une loi mathématique très précise.

Des ronds et des inconnues en convergence

Des jonctions se manifestent également, dans l'ère numérique où nous sommes dorénavant immergés, et dont certains, avons-nous vu, n'hésitent pas à prophétiser une transparence de nos personnes, grâce à l'accumulation de données sur elles, via des réseaux générés par l'informatique. Tout cela, grâce aux chiffres. Seulement, que deviennent les rapports sociaux si l'autre est supposé connaître mes pensées ? La transparence totale de nos personnes est-elle possible ? Il est à en douter, tant nous avons, pour notre avantage, des ressources cachées en deçà de nos mises à nu. Comme tout progrès, l'informatique deviendrait un péril si elle n'était fondamentalement tenue à distance, et cela d'autant plus qu'elle se présente sous des traits qui à première vue ne respirent qu'innocence, parce qu'abstraite et sans idéologie.

---

[279] *Ibid.*, p. 87

[280] *Ibid.*, p. 83

Jonctions, encore, à l'heure du zapping, qui manifeste un intérêt sans doute superficiel, mais réel, imprimant sa marque sur un ensemble si large de réalités. Le philosophe Gilles Lipovetsky parle d'une esthétisation du monde, d'un « sentir » au sens étymologique, qui touche tous les milieux. Cette sensibilité a été, certes, favorisée par le capitalisme de consommation, ajoute-t-il, mais en dépit de cet aspect elle manifeste un désir inné des personnes à emmagasiner une somme d'impressions sans limite, soulignant, du moins en puissance, notre capacité à élargir notre vision du monde.

Jonctions, aussi, avons-nous remarqué, dans les établissements catholiques, qui offrent un point de vue éclairant sur le sujet. En effet, investis dans de nombreux pays, ils accueillent des élèves de différentes nationalités et confessions, y compris des incroyants, L'hindouisme, le bouddhisme, le judaïsme, le christianisme et l'islam donnent ainsi lieu aujourd'hui à des rencontres donnant aux élèves de réfléchir ensemble, et les conduisant à croire qu'elles peuvent les aider à s'écouter, à entendre d'autres facultés dont l'existence leur échappait, bref à s'entendre et à grandir avec, pour règle, de ne jamais tomber dans le syncrétisme ou le prosélytisme.

Jonctions encore, comme un signe des temps, à la pensée des flux migratoires provoqués par la pauvreté, la faim, les persécutions, l'esclavagisme, les guerres, et la montée des océans qui vont provoquer bien avant la fin de ce siècle des migrations massives, forçant à assouplir la notion de frontières. Frontières, justement, mises en question devant des partitions coupables au cœur de nos sociétés, révélées par les gilets jaunes, la pandémie et les rassemblements de protestations contre des attitudes policières jugées racistes, parties de Minneapolis, en 2020, qui trouvèrent de larges échos dans le monde.

Ulysse parvint chez lui, riche d'aventures mises bout à bout, telle une rhapsodie, qui le bougèrent en l'amenant à regarder plus loin et autrement, tandis que Pénélope tournait en rond, jour après jour, sur son tricot, pour le défaire et le refaire tout pareil, en espérant regagner la vie grâce à lui.

DES CHEMINS À PROFUSION, QUI EN DISENT LONG SUR L'HOMME

Nous venons d'évoquer une unité dans des diversités, mais par quel prodige se fait-il que des démarches si différentes aboutissent à des résultats si connexes ? Une image : l'ascension d'un grand mystère, car la vie en est un, s'apparente à celle d'une vertigineuse montagne, avec ses faces. Chacune a sa beauté singulière et ses difficultés propres. Il en est, avec le recul, de plus réputées que d'autres. Le but, nous le devinons de mieux en mieux, semble avoir la vertu de devoir nous échapper toujours, mais sans que jamais – du moins dans le désir – des avancées ne soient réputées impossibles, car nous nous sentons confusément sans limites. Il ne s'agit pas pour autant de conquérir une origine, de la toucher par nos propres moyens pour la soumettre et inventer un avenir à notre guise, ce qui s'apparenterait à une démarche incestueuse, mais d'avouer la question lancinante de l'existence d'un Alpha antécédent.

Il apparaît également que des disciplines scientifiques sont enrichies grâce à la pluridisciplinarité, comme nous l'avons remarqué à propos du temps et de la physique quantique, comme, également, de la thermodynamique, de la psychologie de la motivation et de la relativité générale. Nous l'avons vu pareillement lors de la découverte de la relativité restreinte, dont Einstein fit l'expérience dans son corps, avant toute démonstration mathématique. Pensons encore à l'effet placebo : le cerveau est capable, dans certaines situations, de puiser dans sa *pharmacie interne*. Ainsi, l'effet placebo « repose à la fois sur des phénomènes psychologiques et des mécanismes physiologiques bien concrets[281]. »

La pluridisciplinarité, qui vient d'être évoquée, attire aujourd'hui particulièrement l'attention en s'élargissant, au sens où ce ne sont plus seulement des disciplines scientifiques qui en épaulent une autre, mais des espaces de la pensée qui, à première vue, sont étrangers aux facultés requises. Ainsi, un professeur de mathématiques en classe préparatoire aux grandes écoles forme un ensemble musical avec des élèves pour mieux les stimuler. Françoise Tristani-Potteaux mentionne chez Jean-Pierre Luminet la conjugaison, qu'il juge nécessaire, des voies scientifiques, artistiques et littéraires[282]. Léonard de Vinci cultive en même temps que la peinture un appétit insatiable d'ingénierie, avec une flopée de machines, inondant ses papiers d'une foule de dessins, dont celle préfigurant l'hélicoptère et un char de guerre. Et – qui sait ? – sa si large fécondité d'esprit culmina peut-être dans un divin sourire féminin, signe d'un heureux événement.

L'art se cultive encore en des contrées où l'on ne l'attendrait pas. Ainsi, la physique semble parfois perdue pour cause d'impossibilité actuelle d'expérimenter des théories, comme nous le verrons plus loin, au point que des chercheurs en viennent à faire appel à la poésie pour combler des attentes de résultats expérimentaux qui se refusent à venir. Ils ne voient pas comment sortir du marécage ambiant, autrement que par des moyens qui débordent la rationalité calculatrice des équations, et cherchent dans le verbe des ouvertures corporellement ressenties qui transcendent le temps, en y ajoutant un désir de gratuité jubilatoire. L'astronaute Thomas Pesquet n'est pas en reste, avec sa sélection, obtenue grâce à un entraînement très technique, mais aussi à son aptitude à joindre des élans poétiques, comme il le déclare. Einstein, violoniste à ses heures,

---

281 J. Levine in *Sciences et Avenir*, « Placebo : bien plus qu'un faux médicament », Hors-série, janv.-fév. 2019, p. 48

282 F. Tristani-Potteaux, *op. cit.*, p. 36

écrivit, à la pensée des résultats acquis par un des ténors de la physique quantique, Niels Bohr : « La pensée est portée là à son plus haut degré de musicalité[283]. » On songe à l'expression reprise de Pythagore : « Les étoiles chantent ».

Cela rappelle quelque chose de ces professeurs de médecine de la vieille école, pétris d'humanités apprises dans les classes du Secondaire, qui répondaient à leurs élèves par des citations, apparemment hors sujet, sur des questions insolubles à l'époque, couvrant ainsi leur ignorance avec distinction.

Des chercheurs font remarquer également que des avancées en matière de sciences, de découvertes, surviennent en dehors de cadres de pensée très rôdés, grâce à la sérendipité, cet art de découvrir accidentellement ce que l'on ne cherche pas. Des auteurs vont jusqu'à écrire : « On peut voir dans la sérendipité un phénomène commun, transversal, susceptible de relier, voire de créer l'unité perdue des savoirs et des sciences[284]. » Boris Cyrulnik fait remarquer que les raisonnements linéaires sont réducteurs en matière de vérité, et de citer Edgar Morin, philosophe et sociologue à la pensée complexe, justifiant un virage épistémologique, mais accusé par certains de confusion des genres, et qui s'intéresse à la fois au cinéma, à la littérature, à l'éthologie et à la biologie[285]. Arthur Koestler aimait rappeler, de son côté, que « les hommes d'une seule idée, comme Copernic et Darwin, sont apparemment des exceptions parmi les très grands : la multipotentialité est la règle[286]. »

---

283 A. Einstein, *Physique, philosophie, politique,* Seuil, 2002, p. 186

284 P. van Andel et D. Bourcier, *De la sérendipité dans la science, la technique, l'art et le droit - Leçons de l'anattendu*, L'Act Mem, 2008, p. 31

285 B. Cyrulnik, *La nuit, j'écrirai des soleils*, Odile Jacob, 2019, pp. 189, 190

286 A. Koestler, *op. cit.*, p. 433

TRANSVERSALITÉ ET VERTICALITÉ

Nous assistons depuis peu à un phénomène étonnant : la hiérarchie, dans sa verticalité dominante, occupait depuis des siècles une posture exclusive, sauf exceptions. Or, il apparaît avec le monde numérique, celui des start-up, en particulier, une maîtrise de jeunes générations, se mettant en décalage par rapport aux longs temps passés qu'il fallait accepter pour gravir les échelons promotionnels. Ainsi, la tradition, de longue date, généralement non contestée, saluait une compétence respectée et justifiée des seniors. Or, voici que nous assistons aujourd'hui à des promotions bluffantes, comme innées, même si les échecs de start-up sont nombreux. Certes, il est connu depuis longtemps que des zones de notre cerveau s'activent nettement mieux chez des jeunes, comme le constat en est fait, par exemple, chez les génies en mathématiques. La moyenne d'âge des médaillés Fields en témoigne abondamment.

Un autre phénomène, tout neuf, apparaît également : une symbiose de compétences variées, donnant lieu à une transversalité ultra performante, comme nous l'avons constaté dans le domaine de la pluridisciplinarité. Citons aussi le projet confié par l'Élysée à une commission scientifique, présidée par Boris Cyrulnik[287], chargée d'élaborer un plan pour l'accompagnement des parents et de leur bébé, depuis le quatrième mois de grossesse jusqu'à deux ans et demi. Il apparaît, en effet, que l'environnement de l'enfant a une importance majeure dès le sein maternel ; d'où une collaboration pluridisciplinaire à devoir mettre en place sur les plans neurologique, psychologique et sociologique, joints à la reconnaissance d'un congé parental augmenté, d'une durée d'un an en Finlande, par exemple, et de la place du père, notamment. Signalons également la méthode d'éducation de Maria Montessori qui valorise la capacité *transversale* des enfants à se

---

[287] B. Cyrulnik, Sud Ouest, 06-10-19

tourner vers le monde en les ouvrant au champ libre de l'invention, jusqu'à l'initiation des enfants de quatre à six ans à des éléments de programmation informatique.

La transversalité encore, se trouve imposée brutalement, cette fois, par la covid-19, du fait de la contamination favorisée par un espace de moins en moins large entre forêt sauvage et environnement humain. Des collaborations nouvelles se trouvent ainsi imposées pour endiguer les problèmes induits par la *zoogénèse*, entre écologistes, vétérinaires, agronomes, médecins et épidémiologistes.

La tranversalité, nous la retrouvons, à nouveaux frais aussi, dans l'Église qui, durant des siècles a privilégié la place de la hiérarchie en son sein. Elle découvre aujourd'hui, chez nous, avec la même pandémie, que le souhait, pour elle, du pape François d'être un hôpital de campagne, où l'on analyse, on cherche, on soigne, on guérit, on accompagne jusqu'au bout les personnes, revêt une signification essentielle. Sans doute, serait-il très injuste de passer sous silence toutes ces figures de saints et de saintes reconnus par la hiérarchie, qui ont su rester petits, mais dont l'exemple a suscité l'admiration au-delà des frontières de l'Église. Comment passer sous silence, aussi, le témoignage que l'Église essaya de tenir en plein monde, depuis la seconde guerre mondiale jusqu'au concile Vatican II, à la pensée des jeunes du monde agricole, du monde ouvrier, notamment, ainsi que des prêtres ouvriers ? En 1962, un prêtre dominicain, Bernard Gardey, en préface à la réédition du livre *La France, pays de Mission ?* paru en 1943, faisait remarquer que, très vite après la guerre, le monde du travail évolue avec l'élévation du niveau de vie de la classe ouvrière et la place prise par les techniciens. Le communisme était devenu une force mondiale, un grand malaise religieux se trouvait largement entretenu par l'affrontement de l'Église avec le monde scientifique et technique[288]. Teilhard de Chardin s'était

[288] H. Godin et Y. Daniel, *La France, pays de Mission ?* le monde en 10/18, 1962 Première publication aux Éditions du Cerf, en 1943

essayé, en précurseur et paléontologue, à une ample réflexion entre le Dieu fait homme et les sciences. Il avait suscité des critiques dans l'Église-institution, mais tout autant des réactions enthousiastes dans la bourgeoisie française, notamment, des années cinquante. Enseignante, l'Église l'a été, avec talent, et doit le rester, en se laissant, pour une part, enseigner à son tour, tant il apparaît que l'homme nouvellement sondé aujourd'hui par les sciences, tient une énorme place, et qu'il est « la route principale de l'Église », comme l'affirmait le pape saint Jean-Paul II. Un dominicain, Yves Congar, dont la contribution au concile Vatican II fut considérable, et qui deviendra cardinal après avoir subi les foudres d'une hiérarchie murée sur la seule vérité arrêté, écrivait en 1935 : « Une immense tranche de l'activité humaine, toute une croissance d'humanité, de chair humaine – la vie moderne avec sa Science, ses misères, ses grandeurs – n'a pas eu en soi l'incarnation du Verbe [de Dieu] ; l'Église n'a pas donné son âme à ce corps qui s'étendait[289]. »

La permaculture offre de son côté une belle méditation sur la transversalité, avec l'alliance des potentialités végétales. Ainsi, la culture conjointe du maïs et des haricots blancs, qui était si courante dans nos campagnes, jusque dans la première moitié du XXe siècle, donnait au visiteur ignare l'idée d'une astuce qui consistait simplement à faire profiter ces derniers de la tige du premier. En fait, l'astuce, car c'en est une, se voit aujourd'hui scientifiquement confirmée et élargie avec des arguments de l'agronomie en Amérique latine. Nous apprenons ainsi que l'association de la courge, du maïs et du haricot fait que la première, en couvrant le sol, empêche l'apparition d'herbes, tandis que le second fait de l'ombre, que le troisième enrichit le sol en assimilant l'azote de l'air et en fait profiter les autres[290].

---

[289] Y. Congar, « Une Conclusion théologique à l'Enquête sur les raisons actuelles de l'incroyance » in *La Vie Intellectuelle* 37, 1935, p. 241

[290] A. Lelièvre, chercheuse à AgroParisTech

Par ailleurs, les alliances entre monde animal et monde végétal ne sont plus à prouver, avons-nous constaté. La pollinisation des fleurs en est un exemple stratégique au point de nous inquiéter par manque criant d'insectes, de plus en plus éliminés. Les vers de terre, de leur côté, sont aussi édifiants en aérant le sol, en le fertilisant et en augmentant l'absorption des eaux pluviales, jusqu'à interroger la pratique du labourage, de plus en plus contestée. Des alliances qui ressemblent à une harmonie se révèlent ainsi.

Transversalités, verticalité, hauts et bas, la vie en est remplie.

HAUTS ET BAS DE L'UNIVERS

Nous savons qu'il y a des infinis différents d'autres infinis. Les nombres entiers pairs ou impairs sont en nombre infini, mais la somme de ces deux infinis leur est supérieure. L'infini qui en résulte est donc deux fois plus grand.

Par ailleurs, des effets sur l'esprit humain augmentent formidablement quand on entend certains chiffres. Ainsi, apprenons-nous qu'en 2019 un premier trou noir observé, situé dans la galaxie M87, est un monstre de 6,5 milliards de fois la masse du soleil[291], laquelle représente à elle seule 330 000 fois celle de la Terre. Quand on songe qu'il doit y avoir, au bas mot, entre cent et trois cents milliards de galaxies dans l'univers, et dont on admet qu'un certain nombre n'ont pas de trou noir aussi massif (celui de la Voie Lactée, par exemple, représente quand même 4 millions de fois la masse du soleil…), on se sent pris de vertige et de l'envie d'un silence écrasant dans une masse, la nôtre, si négligeable, pourtant rendue capable d'entendre ce

---

[291] A. Khalatbari in *Sciences et Avenir*, *La première photo d'un trou noir*, mai 2019, p. 32

genre d'information, puisque nous avons une idée de la taille de l'univers et de sa masse. Mais nous voilà, en plus, réveillés, d'un coup, à l'idée d'un homme à la taille de l'univers ! Nous voilà sortis de la triple disgrâce de l'homme prononcée par Freud, infligée par Galilée, quand il affirmait que la Terre n'est plus au centre de l'univers, puis par Darwin, décrétant que l'homme appartient au monde animal, et enfin par lui-même, affirmant que l'homme ne connaît plus la maison qu'il habite, en raison de l'inconscient, qui lui échappe. L'homme se découvre en découvrant l'univers.

Une question se pose, alors, si un Dieu créateur existe : Pourquoi l'univers est-il si démesurément grand ? Qu'est-ce que cela aurait changé si l'univers avait été 10, 100, 1000 fois moins massif ? Ce serait encore tellement énorme, car la masse noire supposée maintenir les galaxies concentrées, et l'énergie noire, censée provoquer l'expansion de l'univers, augmentent encore beaucoup plus les chiffres[292]. La qualité de la vie, sa beauté en eussent-elles été amoindries ? L'hypothèse qui consisterait à faire valoir l'existence d'une pléiade de créatures peuplant l'univers, qui pourrait *expliquer* sa taille rend le présent propos, assurément ignorant, plus modeste…

L'impression de ne pas avoir une imagination à hauteur de ce qui existe, de se sentir complètement dépassé devant pareille énormité, n'exprime-t-elle pas, pourtant, le désir paradoxal d'aller jusqu'à espérer ou guetter un inimaginable accessible à notre esprit, sinon à nos yeux ? Une admiration ne nous étreint-elle pas, parfois, lorsqu'une vision très matérielle nous rend, malgré nous, stupéfaits d'admiration devant un porte-avions ou un genre camion, de l'autre côté de l'Atlantique, bardé de fières roues chromées, de pots d'échappement verticaux étincelants derrière la cabine, et de rétroviseurs flamboyants ?

[292] Sous la dir. d'A. Barrau et de D. Parrochia, *Forme et origine de l'univers - Regards philosophiques sur l'univers,* F. Vannucci, « L'infiniment petit et les limites de là connaissance », Dunod, 2010, p. 61

Si quelque fierté fort suspecte d'être un humain a pu s'éprouver alors, il n'en demeure pas moins et très curieusement qu'un minuscule animal genre ciron, courant sur un livre ouvert, et dont vous n'arrivez pas à voir les pattes à l'œil nu, tant il est minuscule, vous inspire le même genre de réaction, sans parler de ce faux moins que rien coronavirus qui, à lui seul, a flanqué la panique à la moitié de la population mondiale. Finalement, ne manquerait-il pas quelque chose à la grandeur de l'univers si ce minuscule n'existait pas ? Où l'on se sent pris alors dans une sorte de paradoxe qui conduit à tenir ensemble l'infiniment petit et l'infiniment grand. Pascal le savait déjà, mais nous avons des chiffres en plus et, par eux, une confirmation de taille.

PARADOXE, TU ES LÀ

Les alliances en tous genres n'empêchent pas les paradoxes. Le paradoxe est une opinion différente de l'opinion commune, et donc étonnante. Au XVIIe siècle, la lumière est reconnue comme étant constituée à la fois de corpuscules, selon Newton, et d'ondes, selon Huygens. Il faudra attendre le début du XXe siècle et la physique quantique pour que ce paradoxe soit surmonté. Mais ce n'était pas une première dans la pensée humaine. En effet, depuis bien plus longtemps, la foi chrétienne reconnaît pour sa part que la souffrance et la gloire cheminent ensemble simultanément. Ainsi, les Béatitudes, admirées par Gandhi, en sont-elles une illustration : « […] Heureux ceux qui pleurent, car ils seront consolés. […] Heureux les persécutés pour la justice, car le Royaume des cieux est à eux[293]. » Le sens commun connaît le paradoxe, lui aussi. Ainsi, un jour, une dame demande à sa femme de ménage pourquoi elle chante. Répon-

[293] Évangile selon saint Matthieu 5, 3-10

se : « Parce que je suis triste, Madame. » Le *Tao Te King* de Lao Tseu, écrit il y a 2400 ans, en est imprégné pareillement : « Le souple et le faible triomphent du dur et du fort… Le grand carré n'a pas d'angle… Les paroles vraies paraissent paradoxales[294]. »

Dans le même ordre de pensée, Boris Cyrulnik fait remarquer que les soldats américains chétifs faits prisonniers par les Japonais avant Hiroshima se révélaient beaucoup plus résistants que les footballeurs *hercules*[295]. Il note aussi que « la plupart des humains s'émerveillent et parfois s'effraient de ce fait invraisemblable : Pourquoi la vie ? Pourquoi l'univers ? Pourquoi pas rien ? Ces énigmes nous fascinent et nous angoissent, c'est alors que la contrainte au sens nous rassure et nous dynamise[296]. » Le sens reconnu commun donne ainsi sens aux choses. Et l'auteur d'ajouter : « Quand la souffrance surgit, le sens métamorphose la manière de la ressentir, l'intention de sens mène à la spiritualité, éclaire le monde et nous aide à le supporter[297]. »

La spiritualité, justement, a le bon goût de nous élever spontanément, d'un coup, en dépassant le monde matériel pour lui donner une saveur étonnante à la manière d'une poésie mise à la portée de tout un chacun. Elle donne la sensation d'un ailleurs qui nous habite comme nous étant propre. Et comme il est étrange de pleurer de joie ! Le sens commun l'éprouve spontanément en lui-même et en donne la mesure.

Il est aussi une langue qui a le génie de manier avec une immense profondeur son vocabulaire : l'hébreu, qui offre en ses racines nombre d'acceptions formidablement contrastées. Elle a la magie de vous transporter dans les paradoxes et vous persuade que vous n'aurez jamais fini d'épuiser le sens de ce que vous lisez, et qu'il appartient à chacun d'intégrer pour lui-

---

[294] Lao Tseu, *Tao Te King*, n°s 36, 41, 78

[295] B. Cyrulnik, *La nuit, j'écrirai des soleils*, p. 97

[296] *Ibid.*, p. 98

[297] *Ibid.*

même cette réalité. Il faut rappeler que l'hébreu biblique s'est écrit en un premier temps, sans voyelles, et plus tard avec, constituant alors l'hébreu massorétique. Cette imprécision originelle, polyphonique, a quelque chose de fondamental, parce que des interprétations très diverses, contradictoires, apparaissent alors, manifestant que la vérité n'aura jamais fini d'être trouvée. Ainsi, un aspect remarquable tient au fait que, selon des interprètes, Berkovits, par exemple, grand rabbin et philosophe juif du XXe siècle, le Talmud, un recueil de commentaires bibliques, est *l'art du désaccord*. Des sens multiples y apparaissent. Cela va très loin ; ce qui lui fait écrire en titre d'un ouvrage, *La Torah n'est pas au ciel*, que la parole du Très-Haut n'est pas une abstraction, mais doit trouver à s'incarner dans le quotidien de l'existence de chacun[298]. Ainsi, par exemple, *nitseah évoque*, à la fois, la destruction, l'échec, mais aussi la victoire et même la gloire. *Aroum*, également, a deux significations opposées : « être nu », mais aussi, rusé comme le serpent, qui est nu[299]. *Begued* signifie « vêtement », mais aussi « traîtrise ». Le vêtement cache la vérité ! Il est pourtant ce sans quoi il n'est pas possible de vivre. La traîtrise est donc inscrite au programme de toute vie humaine[300] ! Ajoutons *midbar*, le désert. Curieusement, ce mot contient *dabar*, la parole. Sous entendu, donc : dans le désert, ça parle ! De fait, après sa libération du pays d'Égypte, le peuple hébreu va vivre 40 ans au désert pour y être enseigné par son Dieu. Ajoutons encore *sôd*, qui veut dire *secret*, mais aussi *délibération publique*, et encore *peretz*, qui a le sens de brèche, de défaite, de mort, aussi d'irruption !

Delphine Horvilleur, rabbin, fait remarquer que « si toutes les traductions sont des trahisons, certaines condamnent définitivement le texte au sens unique », du fait de préjugés, « jamais

---

298 E. Berkovits, *La Torah n'est pas au ciel*, Éditions de la revue Conférence, 2018, p. 200

299 D. Horvilleur, *En tenue d'Ève*, Grasset, 2013, p. 66

300 *Ibid.*, p. 67

vraiment interrogés, et qui deviennent savoir populaire faisant office de vérité[301]. »

Il est remarquable, aussi, que le peuple hébreu fête sa libération avant même d'avoir franchi la Mer Rouge, la frontière de la liberté, au cours d'un dernier repas, le soir de sa libération. Curieuse façon de célébrer la fête. Et Jésus, au soir du Jeudi Saint, lors de son dernier repas avec ses disciples, avant son arrestation, fera de même en initiant la messe en son aspect nuptial et victorieux, dans toute sa profondeur.

Le christianisme connaît de semblables écarts : Pascal écrit que le Christ est en agonie jusqu'à la fin du monde, alors que les chrétiens professent en même temps qu'il est ressuscité. Les Béatitudes y font penser pareillement. L'Évangile de la Passion chez saint Jean, aussi, qui diffère de celui des Synoptiques. En effet, chez lui, Jésus y affiche une maîtrise étonnante qui fait penser à sa victoire sur la mort. Sa souffrance est déjà habitée de sa gloire à venir.

A contrario, Georges Duby, grand historien du Moyen Âge, constate, pour son regret, que la pensée unique a été la marque dominante de l'université française. Il reconnaît avoir été influencé dans sa démarche par cette tendance imposée. De même, René Girard, forcé de s'expatrier aux Etats-Unis, pour faire valoir sa théorie mimétique.

Dans un tout autre domaine, rempli d'écarts, Luc Julia évoque combien le climat de la Silicon Valley, où il a travaillé, lui rappelait la conquête de l'Ouest. Il y a là un aspect humain très parlant, tant il exprime une vérité globale, qui fait penser à l'histoire de Babel, la dispersion par le Très-Haut de la population terrestre, qui n'avait qu'une seule langue, et fut le préalable à une autre histoire. Ainsi, après une immense dispersion, les forces humaines en sont venues à s'interroger sur l'opportunité de rassemblements, riches cette fois de variétés de points de vue sur le vrai. Elles ont appris à conjuguer leurs

---

[301] *Ibid.*, p. 66

talents et se sont rapprochées pour grandir ensemble. Sans aucun doute, le refoulement violent des populations indiennes d'Amérique invite à plus que nuancer, mais le propos de l'auteur trouve manifestement sa pertinence hors contexte historique : « L'esprit de la Silicon Valley, c'est un vrai melting-pot, les gens (les chercheurs) viennent de tous les continents. Ils sont tous là avec leurs cultures, leurs différences, leurs richesses, et ils travaillent ensemble pour faire avancer les choses. J'ai toujours voulu créer cet esprit dans mes équipes, parce que c'est cette diversité, cette complexité qui font la différence. Si tout le monde pense pareillement, voit les choses de la même façon, on est sûr d'aller dans le mur[302]. » Éric Salobir, élargit la perspective en insistant sur l'intérêt éprouvé par des chercheurs de la même Silicon Valley, notamment, à cultiver des relations aptes à creuser des rapprochements avec la spiritualité, conscients que les technologies du numérique « changent la manière d'être homme[303] ».

Vive, donc, la diversité des compétences, appelées à faire alliance, envers et contre tout. Stefano Mancuso approuve en faisant état de l'uniformisation des cultures industrielles, et souligne les dangers liés au manque de diversification, mais également aux effets de la sécheresse qui affectent deux fois plus l'agriculture des pays développés, champions de la monoculture, que ceux où elle est moins avancée. Il dénonce la réduction, à ses yeux dramatique, du nombre des espèces végétales cultivées, en raison des risques encourus de maladies affectant, notamment, le riz et le blé. Les épargnants le savent : une variété aussi large que possible des investissements est toujours la solution[304].

---

302 *Ibid.*, p. 45

303 É. Salobir, *op. cit.*, pp. 51, 285

304 S. Mancuso, *La révolution des plantes*, Albin Michel, 2019, pp. 73, 138

DU SIMPLE SI COMPLEXE

L'esprit urbain rangea durant des siècles le monde végétal du côté des *simples*, trop uniformes, trop simples pour être comparés au monde animal ; ces simples qualifiés, pourtant, de plantes médicinales. En fait, simplicité ne signifie pas *petits moyens*, mais rime, au contraire, avec complexité. Une comparaison du monde végétal avec le monde animal qui aboutissait à cataloguer le premier dans le registre des moyens limités, du fait d'une apparente immobilité, et composé d'êtres qui *végètent*, aboutit à une injuste dévaluation, quand il se constate que la valeur de la biomasse végétale terrestre est au moins égale à 80% de biomasse totale[305]. Un autre aspect remarquable des plantes, selon Stefano Mancuso, est qu'elles ne connaissent pas d'organes spécifiques comme le monde animal : « elles respirent avec tout leur corps, elles voient avec tout leur corps, elles sentent avec tout leur corps, elles calculent avec tout leur corps[306]. » Elles sont donc très éloignées du modèle animal. Il souligne aussi que si elles avaient un cerveau et des organes concentrés, elles seraient trop vulnérables ; d'où une nécessaire décentralisation[307]. Une expression les caractérise, selon l'auteur : « construction modulaire réitérée ». La notion d'individualité n'a donc pas cours pour elles. À la place, apparaît la notion de colonie avancée, suivant un rapprochement avec le monde des insectes : les fourmis, les abeilles, par exemple. Les racines expliquent le rapprochement. En effet, la totalité de l'appareil racinaire « guide une plante, comme une sorte de cerveau collectif ou, mieux encore, d'intelligence distribuée sur une surface parfois immense[308]. » Où la hiérarchie en prend assurément un coup… Le rapprochement effectué par l'auteur avec les systèmes humains de coopération,

[305] *Ibid.*, p. 194

[306] *Ibid.*, p. 196

[307] *Ibid.*, pp. 195-196

[308] *Ibid.*, p. 202

nourris de la puissance des réseaux informatiques, en renforce l'impression[309], et le sous-titre de l'ouvrage ose affirmer : « Comment les plantes ont déjà inventé notre avenir ». Ainsi, quelque chose de l'humain est-il à repérer dans le végétal.

Une question reste, cependant, à poser : Est-il suffisant de parler d'intelligence collective, réputée supérieure, comme le summum de ce qui est souhaitable pour l'humanité ? Il ressort avec force que le monde des Hébreux est fondamentalement attaché à l'esprit prophétique, ce *don* très spécial donné à de rares êtres humains, d'être donc différents, au sens où ils sont *branchés* sur un *ailleurs*, et dont la charge est d'inspirer le roi et son peuple pour les amener à rectifier des comportements indignes de la société. N'oublions pas, à ce propos, le monde animal, l'ânesse de Balaam[310] qui, à l'écoute d'un ange, comprit que son maître faisait fausse route, et qu'elle devait lui désobéir ! La présence des prophètes est donc vitale et se distingue, en outre, par le fait régulièrement vérifié que nul, selon l'adage, n'est prophète en son pays. Ils ne seront souvent reconnus que bien plus tard, après une chute générale du pays. Le défi sera, pour les générations futures, de retenir les leçons du passé. L'histoire est ainsi faite de hauts et de bas. Le modèle végétal ne peut donc être intégralement reconnu comme l'avenir de l'homme. L'intelligence collective ne saurait suffire : une insuffisance reconnue par un seul être suffit à déranger beaucoup de suffisances.

Curieusement, l'auteur évoque également la nécessité des plantes pour l'aventure spatiale. Il relève, en effet, la longueur inévitable des trajets vers la planète Mars. Ainsi, faut-il tabler sur une durée de deux trois ans pour un voyage aller-retour. Or, les essais de simulation montrent que des signes d'altération psychique affectent les astronautes lors de longs parcours étalés

---

309 *Ibid.*, p. 221

310 Livre des *Nombres*, 22, 22-30

sur six mois au moins, et que la culture des végétaux en apesanteur a des effets très positifs sur l'humeur[311].

La simplicité n'est donc pas toujours synonyme d'élémentaire et se marie fort bien avec complexité. De grandes formules mathématiques de la physique en suggèrent quelque chose par la séduction qu'elles dégagent d'être à la fois formidablement courtes, donc simples, et d'avoir le pouvoir, étonnamment édifiant, de sommer une part du réel, si complexe.

La simplicité, en outre, est aussi une longue conquête personnelle, celle de se débarrasser d'idées reçues – un travail que personne ne peut faire à ma place –, de se défaire d'un masque que l'on porte, sans toujours l'admettre, pour garder la face. Les petits enfants n'ont pas ce travail de libération à effectuer. Ils vivent l'instant présent, spontanément, sans chercher d'histoires à inventer.

BUGS À GRANDE ÉCHELLE

Une défaillance héréditaire

L'éloge des petits enfants trouve pourtant, lui aussi, ses limites, car petits et grands sont faits du même cerveau. Les enchaînements, les ressemblances, les accords qui se révèlent dans l'existence n'empêchent pas les désordres. Ainsi, Olivier Houdé exprimait, plus haut, en psychologue, une interrogation touchant au fonctionnement du cerveau humain « si souvent illogique et irrationnel dans ses décisions », non seulement au cours de l'enfance, mais encore dans la vie adulte. Or, il se trouve qu'au même moment – un signe des temps ? – un neuroscientifique, Sébastien Bohler, étudiant le cerveau, fait part de l'existence d'une structure nerveuse dans celui-ci, le striatum, qui produit une molécule, la dopamine, laquelle a pour

[311] S. Mancuso, *op. cit.*, pp. 178-180

effet de « procurer un sentiment de plaisir, et de renforcer les circuits de commande neuronaux » lorsqu'une opération a été conduite avec succès[312]. Les neurones du *striatum* sont des moteurs qui viennent de loin dans l'évolution du vivant, puisque la lamproie le connaissait déjà, il y a 300 millions d'années. Il s'en suit que ce striatum, tel un dictateur poussant à la gratification primaire, grâce à ce don de dopamine, flatte le penchant à « trouver de la nourriture, des partenaires sexuels, se procurer un statut social, acquérir du territoire et des informations permettant d'augmenter sa survie, le tout en dépensant le moins d'énergie possible. » Et l'auteur, d'ajouter que l'envie du striatum de tout ce qu'il peut avoir est « un des gros défauts de fabrication de notre cerveau[313]. »

Alors, comment se libérer de cette tare ? Sébastien Bohler répond que le cerveau vit sa première crise interne, en étant pris, d'un côté, par une addiction tous azimuts, et d'un autre en réalisant que nous consommons beaucoup plus que ce que la Terre peut produire. Ainsi, le jour de l'année où notre dette vis-à-vis d'elle fut amorcée en 2015 arriva le 25 septembre, mais le 29 juillet en 2019. L'année 2020 fit mieux que 2019 – trois semaines plus tard –, mais pour cause de pans entiers de l'économie paralysés par le coronavirus. S'ajoute le fait que le réchauffement climatique, dont nous avons à nous reconnaître désormais responsables, entraîne une élévation du niveau des océans qui provoquera aux alentours de 2050 une submersion de terres irréversible, provoquant des exodes massifs de populations. Nous réalisons à peine que l'exploitation éhontée de la nature est, comme l'affirme Allain Bougrain-Dubourg, un crime contre l'humanité.

On se rappelle le mot de Jacques Chirac : « La maison brûle, et nous regardons ailleurs. » Le plus stupéfiant est d'assister à

---

[312] S. Bohler, *Le bug humain - Pourquoi notre cerveau nous pousse à détruire la planète et comment l'en empêcher*, Robert Laffont, 2019, p. 30
[313] *Ibid.*, pp. 38-39

l'événement, sans réaction concrète, selon Bohler, figés que nous sommes dans notre structure cérébrale ancienne.

Pourtant, l'auteur en vient à croire que l'homme n'est pas condamné à fonctionner de cette façon. Pour cela, il se tourne vers des figures humaines exceptionnelles, tels des prophètes, à l'amour rayonnant envers les plus démunis. Mère Teresa l'a manifestement touché, et il a cherché comment elle a pu arriver à la maîtrise de son striatum. Pour cela, il s'est penché sur son histoire, ce qu'elle a vécu dans son enfance, et a découvert qu'elle visitait avec sa mère, dès l'âge de six ans, des démunis, des alcooliques, des orphelins. Son conditionnement fut si puissant, écrit-il, que son cerveau fut reconfiguré, et le striatum avec lui. Il en vient donc à penser que ce dernier peut apprendre à aimer bien d'autres choses que les renforceurs primaires, la nourriture et le sexe, relevés durant l'évolution du vivant[314]. Il reconnaît pourtant que le conditionnement opérant reste fragile, car des renforceurs primaires sont profondément ancrés dans notre biologie et présentent la supériorité rôdée de la constance sur des dizaines de milliers d'années, alors que le conditionnement, lui, doit être sans cesse ranimé.

Cependant, il remarquera après[315] que le cortex singulaire, entre les deux hémisphères du cerveau, pousse à chercher du sens à l'existence. Voilà donc un signe capable de nous motiver pour une vie équilibrée, solidaire. Seulement, là encore, rétorquera-t-on, la raison humaine ou le sens commun note des défaillances soulignant des lacunes humaines. Il arrive ainsi que la liberté contrarie les conditionnements biologiques. D'ailleurs, l'auteur plaide pour la méditation de pleine conscience.

Quand des religions s'en mêlent

Le christianisme, greffé sur le judaïsme, offre ici une contribution qui mérite une écoute. En effet, saint Paul, le converti du chemin de Damas, citoyen romain, né à Tarse,

---

314 *Ibid.*, p. 204

315 S. Bohler, *Où est le sens ?* Robert Laffont, 2020

centre important à l'époque de la culture hellénistique, dont l'importance sur lui est largement reconnue, et juif de la Diaspora, de surcroît ancien élève d'un grand théologien du judaïsme, Gamaliel, ose écrire : « Qui me délivrera de ce corps de mort[316] ? » Il ne rejoint pas, cependant, la pensée grecque selon laquelle le corps est la prison de l'âme, et dont la statuaire présente d'étranges sourires, comme s'ils reflétaient avec un brin de nostalgie le souvenir d'un *temps* où les hommes demeuraient avec les dieux, jusqu'au grand désordre qui devait aboutir à leur chute sur une Terre pesante, lourde à vivre. Il voit les hommes en lutte entre un en bas qui les étreint et une aspiration vers un en haut ; un en bas rempli du désir charnel possessif et un en haut de l'esprit, qui invite à regarder toujours plus haut. La création, ajoute-t-il, est en attente, elle aspire à la révélation des fils de Dieu[317].

La philosophie grecque se donna donc pour tâche de dégager l'esprit de la matière, déclarée mauvaise, alors que le judéo-christianisme croit au salut de la matière. Saint Paul, à l'opposé d'elle, va très loin, car l'univers, selon lui, est touché, également, en entier par le désordre : « Nous le savons, en effet, la création tout entière gémit maintenant encore dans les douleurs de l'enfantement. Elle n'est pas la seule : nous aussi, qui possédons les prémices de l'Esprit, nous gémissons intérieurement, attendant l'adoption, la délivrance pour notre corps[318]. »

L'apôtre fait remonter la violence de notre condition à une origine : « Un seul homme a fait entrer le péché dans l'univers[319]. » Ainsi, notre état est-il la conséquence d'une chute symbolisée en *Genèse* par un serpent tentateur, connu déjà au Proche-Orient, cette créature angélique qui se prit de jalousie à

316 *Épître aux Romains*, 7, 24

317 *Ibid.*, 8, 5-6, 19

318 *Ibid.*, 8, 22-23

319 *Ibid.*, 5, 12

l'égard des hommes, à la pensée qu'un jour ils deviendraient plus grands qu'elle.

L'énigme du mal, suivant cette conception, trouve ainsi une origine qui n'a rien de naturel. Charles Péguy avait sa manière d'en parler, avec le mythe des mains propres : les plus belles entreprises humaines cachent quelque part une honte secrète.

Une question surgit : la faute d'Adam et d'Ève, car c'est bien d'eux qu'il est question, d'après *Genèse* des Hébreux, a-t-elle entraîné leurs descendants, pris aux pièges des anciens, ou était-elle déjà infuse dans l'humanité, à considérer comme un tout indivisible ? Il se trouve ici des interprétations très différentes. Celle de saint Augustin, à l'origine de l'expression *péché originel*, a été remplacée par une autre, selon laquelle le péché des premiers parents n'est pas plus ancien que le nôtre. Ainsi, Dostoïevski, dans *Les Frères Karamazov*, fait-il dire à un vieux starets s'adressant à ses frères moines : « Chacun de nous est assurément coupable ici-bas de tout envers tous, non seulement par la faute collective de l'humanité, mais chacun, individuellement, pour tous les autres sur la terre entière[320]. » Teilhard de Chardin dans *Le phénomène humain* s'était, lui aussi, posé la question.

De l'existence de l'homme sans masse

Cela considéré, n'avons-nous pas à remonter encore plus haut dans le passé ? Les astrophysiciens se posent aujourd'hui, en effet, des questions sur un univers dénué de masse, contrairement à celui que nous éprouvons en notre l'univers, tout rempli de gravité. Le boson de Higgs, une particule découverte en 2012, explique pourquoi les masses, donc les *graves* existent dans l'univers. Il permet de poser la question d'une vie possible sans masses. Ainsi, une réponse est-elle donnée par de grandes spiritualités qui professent que la conscience n'a pas besoin de masse pour exister, comme nous le reverrons plus

---

[320] Th. Dostoïevski, *Les Frères Karamazov I*, coll. Folio, 1977, p. 236

loin. L'existence attestée de créatures angéliques, intégralement spirituelles, qui font partie de la création, renforce cette conviction. Un grand rêve ne serait-il pas alors de découvrir d'autres particules dont nous serions appelés à nous dire : « À quoi pourraient-elles donc servir ? »

Si donc la conscience n'a pas besoin de masse ou de corps pondéral pour exister, l'homme ne serait-il pas susceptible d'exister sans masse ? Mais pouvons-nous aller plus loin dans la réflexion ? Les deux premiers chapitres de *Genèse* posent la question de la constitution de l'homme. Ainsi, selon le premier chapitre, l'homme est la dernière créature à apparaître dans l'univers. Mais, dans le second, il arrive en premier ! Charles Perrot, qui fut professeur d'exégèse à l'Institut Catholique de Paris, soutenait l'idée qu'il n'y a pas deux récits de la création en *Genèse*, mais un seul. Rappelons d'abord que ce récit contient nombre d'erreurs sur le plan scientifique, et que le Dieu d'Israël semble se plaire avec les erreurs humaines. D'ailleurs, la Bible a ce génie d'accepter les contradictions, de ne pas les gommer, suggérant l'idée que les progrès dans la connaissance passent nécessairement par l'aveu d'erreurs assumées dans les écrits bibliques, compte tenu des connaissances de l'époque et du concours de spiritualités issues du Moyen Orient. D'une manière générale, la parole biblique a l'art de rassembler des traditions contradictoires[321]. Manifestement diverses, elles appellent à penser que la vérité dernière, réaliste, marche avec elles, et les conduit à creuser au-delà des évidences, sans relâche, sans jamais croire pouvoir en épuiser le sens, parce que la vérité biblique est vivante. C'est donc, en vain, que nous chercherions ici des justifications scientifiques qui n'ont pas lieu d'être. Ainsi, l'évolution dans l'apparition des créatures au chapitre premier n'est-elle qu'une pâle suggestion de l'évolution, où les végétaux apparaissent avant la création du soleil ! Seulement, la justification du récit tient à la foi en un

[321] O. Artus, « La dimension canonique de l'exégèse biblique », in *Communio*, 2019, tome 44-5, pp. 7-22

Dieu qui a créé l'univers en séparant, au commencement, les éléments informes et en les organisant, en goûtant son œuvre au fur et à mesure, dans une gradation qui s'épanouit en l'homme et se célèbre chaque sabbat.

Mais voici qu'au chapitre 2, l'homme apparaît en premier lieu, et nous apprenons en quelques mots très sobres et remplis de mystère, en *Genèse*, qu'il est fait de « poussière de sol » humecté d'un « flux », ainsi que du souffle divin. Ici encore, le ou, plus sûrement, les auteurs ont produit un texte avec les moyens de l'époque, et qui n'avaient manifestement pas les mots pour en parler. Très vraisemblablement, le flux n'est pas à comprendre comme tiré de l'eau de pluie, mais possiblement d'un océan primordial des cosmogonies antiques[322]. Il n'est alors pas déplacé de se poser la question des composantes de cet homme sans notre chair, et donc distingué de celui apparu par la suite. Les auteurs avaient forcément conscience d'une contradiction dans la chronologie entre les deux textes, et l'avaient acceptée, car il leur fallait introduire l'énigme du mal. Mais cette contradiction n'ouvre-t-elle pas justement la porte à la pensée d'une antériorité de l'humain par rapport à notre univers, les auteurs autorisant alors l'idée que, avant la création du vivant tel que nous l'expérimentons, il y avait déjà de l'*humain*, sans le corps pesant qui est le nôtre, dans un univers antécédent où un *serpent* parvint à être à l'œuvre, et dont notre univers aurait gardé une mémoire ?

Coronavirus et consorts

Un virus est apparu après d'autres coronavirus, à la mi-novembre 2019, à Wuhan, en Chine. L'humanité, en grand, s'est vue obligée de reconnaître, suite à la transmission présumée due à une chauve-souris, via de possibles chiens viverrins, espèce invasive, une nouvelle mise en cause de notre Terre. Serait-elle donc coupable de ce qui arrive aux hommes ? À

---

[322] *TOB, Le Pentateuque – Les cinq livres de la Loi*, Cerf/ SBF, 2003, p. 34, note e

moins qu'il ne faille leur attribuer ce qui est arrivé de fâcheux. Nous avons plaidé, en effet, pour déclarer l'homme à la taille de l'univers, donc à une responsabilité ; ce qui nous renvoie peut-être à cet univers antécédent que nous venons d'évoquer. Nous avons du mal, cependant, à nous faire à l'idée qu'il serait responsable des cinq exterminations de masses recensées lors de l'évolution, de la peste, entre autres, qui décima au moins un tiers de la population de l'Europe au milieu du XIVe siècle, de la grippe espagnole, en 1918, qui extermina plusieurs dizaines de millions d'êtres humains, et du virus Ebola, le Sras 1 (syndrome respiratoire aigu sévère, le premier reconnu).

L'idée de mort naturelle n'est pas ici remise en question. Nous nous sommes expliqué plus haut à ce sujet et sur ses justifications. Mais la pandémie déclenchée par le virus a constitué un événement réputé hautement imprévisible, bien qu'un Bill Gates et d'autres aient donné l'alerte, il y a quelques années, sur une accentuation à attendre de ce genre de phénomène. La vérité se montre, en fait, nuancée et rationnelle, car des causes cachées se révèlent parfois avec le temps, à la pensée présente d'une hygiène défaillante, de labourages des terres éliminant une biomasse nécessaire au maintien de la qualité des sols, et de produits censés favoriser la production agricole ou animale, mais qui s'avèrent responsables d'une dégradation de la biodiversité. L'écologue Jean-François Guégan évoque les vautours en Inde qui, jusqu'à l'heure, ont tenu une place majeure de charognards des carcasses de bovins, débarrassant du même coup les micro-organismes, grâce à leur appareil digestif, éliminant virus et bactéries. Seulement, à partir des années 1990, le nombre des vautours s'est mis à chuter fortement. La cause en a été trouvée dans la présence d'anti-inflammatoires fournis au bétail. Les vautours ont été ainsi mortellement intoxiqués. S'ajoute le fait que le pourrissement des carcasses a infecté des points d'eau, si bien que rats et chiens errants sont devenus des vecteurs de maladies comme la rage ; d'où, chaque année, des dizaines de milliers de décès dans la population humaine[323]. Par là, de nouvelles conditions sont devenues, pour ainsi dire, typiques de pandémies que nous connaissons aujourd'hui à grande échelle, et sonnent l'appel, comme nous l'avons vu, de collaborations nouvelles transversales entre écologistes, épidémiologistes, vétérinaires, médecins et agronomes.

L'humanité se voit donc amenée à l'aveu de son aveuglement ou de son retard dans l'intelligence de la vie, et également, d'une déficience dans l'observation de la nature à l'endroit des risques qui y sont pris, du congédiement tranquillement assuré de lois de la nature par nos sociétés, qui se pensaient avancées. Il se découvre que la dernière pandémie a révélé une promiscuité confondante entre la nature sauvage et le corps humain, qui ne l'a pas digérée, du fait d'un rétrécissement galopant des espaces sauvages. Se pose alors la question des virus dormants inconnus qui se trouvent, à n'en pas douter, dans la nature. À quoi s'ajoute celle des mutations obligées, jusqu'à l'heure imprévisibles de ces virus. Sans doute, celui de la grippe est-il maîtrisé, mais en partie seulement…

Nous remarquions plus haut notre a priori négatif sur les microbes, réputés dangereux. Nous avons à l'émettre également sur les virus, qui nous font changer d'avis, eux aussi. En effet, des découvertes spectaculaires très récentes font leur éloge : « Nous sommes faits, en partie, de virus », déclare Morgan Gaia, chercheur en microchirurgie, à l'Institut Pasteur, à Paris, cosignataire d'un article[324] sur la découverte des virus *géants*, il y a une quinzaine d'années. Certains ont la particularité de contenir une foule d'informations qui ont amené à la constitution de la double hélice d'ADN. Ils nous ont donc légué des gènes grâce auxquels nous sommes en vie. Nous apprenons encore que les virus ne sont pas des amas moléculaires inertes.

---

323 M. Vidard, *Édito carré*, France Inter, 18 mars 2020

324 Proceedings of the National Academy of Services of the United States of America (PNAS), extrait de *Sciences et Avenir*, février 2020, pp. 76-77

En effet, dans la foulée de la découverte des virus géants, d'autres virus, des *virophages*, sont apparus, ayant pour caractéristique d'infecter des virus pour se répliquer ! Leur appartenance au monde des vivants est donc saluée officiellement.

Se révèle, une fois encore, la lucidité que nous devons avoir en matière de modestie sur nos recherches actuelles. Et comme il a été étrange d'assister à une volte-face spectaculaire des spécialistes français chargés d'assister le chef d'État en vue des mesures à prendre lors de la pandémie, lui faisant déclarer dans un premier temps, que le masque n'était pas justifié, et se ravisant quelques jours après… Force est de reconnaître, en même temps, les progrès spectaculaires des centres de recherche en matière d'échanges d'informations sur les essais cliniques et méthodes de traitement, en comparaison des précédentes épidémies du début du siècle, même s'il ne faut pas rêver de recherches conjointes en matière de vaccin, en raison de juteuses retombées financières pour le ou les laboratoires gagnants.

La modestie, également, est de mise en matière de nos choix fondamentaux. En effet, sur le plan de la santé, l'Occident a misé durant des siècles beaucoup plus sur les traitements curatifs que sur le préventif. Sans doute, nous est-il aujourd'hui seriné que la cigarette tue, que cinq fruits et légumes par jour doivent être la norme, qu'il faut boire de l'alcool avec modération, qu'un arrêt sur la route, toutes les deux heures, est recommandé.

Modestie de rigueur, encore, à la pensée de l'absence totale de reproches à l'adresse du pays d'où la contamination est venue, ou de pardon demandé de sa part. Comment ne pas être stupéfiés, aussi, devant l'immense disproportion entre une cause virale apparemment minuscule et ses ravages, à l'échelle mondiale, ayant contraint 4 milliards d'habitants au confinement ! Une violence s'est révélée, silencieuse, attribuant à un être minuscule une importance à la taille de notre Terre, où l'homme apparaît, une fois de plus, tel un grand organe totalisateur, amené à éprouver dans son histoire des relations innombrables qui l'atteignent en son corps, par vagues successives.

Quel genre de signification pouvons-nous trouver au phénomène ? Si la thèse de cet ouvrage, que l'homme est à la taille de l'univers, et donc intègre la Terre et tout ce qui s'y trouve, se veut cohérente, l'innocence perdue de la planète renvoie à la responsabilité humaine, déjà évoquée. Qu'avons-nous ou qu'aurions-nous commis pour qu'il en soit ainsi ? Trois réactions sont possibles. Celle des négationnistes invétérés, diront : « C'est comme ça. Point barre. » Une autre : « Cherchons l'erreur. » Et une autre encore, avec le vieux starets : « C'est plus qu'une erreur, c'est une faute coupable. » Où l'on repense peut-être, et avec nostalgie, aux enfants que nous étions, à qui les parents disaient sans trop d'illusion, et en haussant la voix : « Ne touche pas à ça ! », et à leur question : « Qui a fait ça ? », ainsi qu'à la réponse : « C'est pas moi, c'est lui. » On parle à foison, aujourd'hui, de crises, en affublant le mot de *majeures*. Ainsi, assisterions-nous, outre à celle de ce coronavirus, à des crises financières, écologiques, éthiques, aux crises de l'offre politique, des institutions, du logement, de l'éducation, du logement, etc. ? N'y a-t-il pas, en fait, à l'œuvre une maladie, qui est nôtre et n'ose pas dire son nom, parce qu'elle nous accuserait directement ? Nous préférons employer un mot commode, qui nous dédouane en renvoyant à une responsabilité étrangère, congédiant ainsi la sagesse.

QUESTION D'ÂGE

Ainsi, on se rappelle combien le certificat d'études bénéficiait à juste titre d'une belle considération chez les populations des campagnes, avant qu'il ne soit évincé par le prestige du baccalauréat. On s'étonne aujourd'hui de l'admiration des parents lorsque leurs enfants l'avaient obtenu, alors que le niveau moyen était manifestement en baisse par rapport au temps où deux baccalauréats étaient à passer, et la proportion de reçus assurément plus modeste. Devant cette apparente promotion, le prestige des anciens en prit assurément un coup. Mais sans doute, le « prototype d'humanité », écrit Jean Duchesne, n'a-t-il jamais été le vieillard. En effet, depuis le XVIIe siècle en France, l'idée apparaît que l'homme sortant tout juste de l'adolescence montre une supériorité sur la maturité. Ainsi, Rodrigue, dans *Le Cid* de Corneille, prend-il le dessus sur Don Diègue, et dans *Athalie* de Racine, Jézabel échoue-t-elle à « réparer des ans l'irréparable outrage »[325]. Nous sommes loin des mentalités subsahariennes qui voient dans la mort des anciens une bibliothèque qui brûle.

Hegel, le philosophe, souligne de son côté, dans *L'Encyclopédie*[326], qu'avec la vieillesse, le temps vient où la personne ne recherche plus le moment du neuf, mais oriente sa vérité vers l'accès à une universalité. L'éloignement apparent de la vie immédiate n'y est pas, en fait, une dissociation d'avec le présent. Il y a, au contraire, selon lui, non une disparition du sens de la vie, mais « l'installation et l'établissement dans le Sens [327] ». N'est-il pas significatif aussi que dans l'*Apocalypse*, vingt-quatre Anciens, entourent le trône divin, vêtus de blanc, avec des couronnes d'or sur la tête[328] ? Et dans un livre du Premier Testament, un Ancien apparaît à un jeune homme, Daniel. Il porte « un vêtement blanc comme neige, les cheveux purs comme la laine[329] ».

---

325 J. Duchesne, « Un art de vivre », in *Communio*, tome 44-4, 2019, p. 8

326 Hegel, *L'Encyclopédie des sciences philosophiques* II, Vrin, 2004, p. 719

327 M. Vetö, « La vieillesse », in *Communio*, tome 44-4, 2019, p. 44

328 *Apocalypse* 4, 4

329 *Daniel* 7, 9

Par contraste, l'expérience de la vieillesse, selon le transhumanisme, ne se posera bientôt plus. Question, pourtant : Et s'il manquait quelque chose à la vie à vouloir l'ignorer ? Qu'on le veuille ou non, l'univers qui est le nôtre est condamné par la physique à disparaître un jour, même si, à entendre les physiciens, aujourd'hui, l'échéance dépasse l'imagination. Depuis le début du XIXe siècle, un physicien, Carnot et, plus largement après, Clausius démontrent que tout système isolé voit son désordre, sa fatigue, son entropie, augmenter. Or, l'univers est, jusqu'à preuve du contraire, seul. Une fin de l'univers est donc à prévoir. Il convient pourtant d'ajouter des nuances justifiées par la physique, et ceci contredit cela, mais en partie seulement, grâce à des *systèmes* dont l'univers est doté. En effet, loin de l'équilibre thermodynamique – le calme plat – des systèmes sont à même de se revitaliser grâce à de faibles différences environnementales, à même de les envahir, engendrant alors un régime opératoire nouveau. Se découvrent ici des processus d'auto-organisation spontanée irréversibles[330]. Des physiciens objecteront aussi que la solitude de notre univers n'est pas certaine, et que nous pourrions appartenir à un *multiunivers*. Seulement, de là à prédire que ces univers communiquent entre eux, il y a un pas que des physiciens refusent[331]. Aussi, sur le plan de la réflexion, le transhumanisme, si sûr de lui, ne peut-il s'empêcher, qu'il le veuille ou non, d'être seriné d'aléas qui lui échappent.

Les start-up, de leur côté, confirment l'idée que l'expérience de l'âge compte beaucoup moins, aujourd'hui, en certains domaines, mais sans doute est-ce aller un peu vite que de l'affirmer sans nuances. Des métiers demandent, en effet, une grande expérience. Ainsi, la construction des centrales nucléaires fut-elle un succès pour la France, du moins sur le plan technique…, parce qu'elle sut mettre à profit des tours de main

---

330 I. Prigogine, I. Stengers, *La nouvelle alliance*, nrf-Gallimard, 1980, pp. 22, 271

331 Th. Damour et J.-Cl. Carrière, *Entretiens sur la multitude du monde*, O. Jacob, 2002, pp. 128, 225

acquis grâce à la construction en série de centrales, qui semblent faire gravement défaut aujourd'hui sur le chantier de la nouvelle génération, comme à Flamanville.

Nous assistons donc à une diversité de compétences, quel que soit l'âge. Tous les âges de la vie ont leur génie propre, et s'ajoute le constat que des professionnels aux cultures très variées coopèrent en informatique, par exemple, comme nous l'avons constaté, avec Yann Le Cun, et sans oublier que l'Occident a passé le virus des sciences et des techniques au reste de l'humanité ou presque.

Une rupture inaugurale avait été opérée par la pensée occidentale, longtemps arrimée à Aristote et à son moteur premier, Dieu, sur lequel l'esprit humain n'a aucune prise, empêchant ainsi une autonomie de la pensée humaine. Descartes rompra avec la tradition, initié par un courant appartenant au Collège Romain, entraîné par Clavius, un mathématicien, comme nous l'avons vu.

C'est ainsi que nous nous sommes coupés de la nature, sans y prendre garde. Le prix à payer a été fort : l'exclusion de l'homme, compté pour rien dans ses investigations en physique, jusqu'à l'avènement de la physique quantique et de la thermodynamique en sa relation homologique avec la psychologie de la motivation.

UN RÉFLEXE DEVENU UNIVERSEL

Un réflexe a été transmis au monde par l'Occident : celui des techniques et de la recherche. La rupture inaugurale qui vient d'être évoquée ne saurait, cependant, cacher ce qu'il doit à d'autres civilisations : le zéro, les observatoires astronomiques, le compas magnétique, l'imprimerie, le papier, le gouvernail, la poudre à canon et le soc de charrue. Mais comment se fait-il que la Chine et l'islam aient connu un spectaculaire arrêt de tous ces avantages ? À n'en pas douter, l'Église tient une place unique dans la reprise du flambeau. Cela tient au fait qu'elle a toujours eu dans l'histoire un formidable appétit d'assimilation des acquis venus de partout. Comment oublier dans ses gènes sa passion, aussi, de l'enseignement, la part prise par les moines au Moyen Âge, qui eurent le réflexe de l'ouvrir à de simples mortels, et développèrent le ferment des universités ? Comment ignorer le goût des professeurs d'alors dans l'Europe de l'Ouest à voyager partout pour porter l'enseignement dans les grandes villes ? Comment ignorer l'existence des écoles et collèges des jésuites au XVIe, des écoles fondées par les Frères de Écoles Chrétiennes, au XVIIe siècle ? Le goût d'annoncer l'Évangile dans tous les continents, grâce, en particulier, aux moyens de communications offerts par l'Empire romain, avait déjà distingué l'Église. Elle connut, en premier lieu, le goût du monde grec, dont elle assimila tous les concepts durant les premiers siècles. La paix constantinienne lui donna pleins pouvoirs à ce propos, avec les limites que l'on sait sur le plan du respect des civilisations et d'une concordance imposée entre Dieu et les César... La vérité a constamment tenu pour elle une place essentielle, même si des hommes d'Église se sont fourvoyés dans l'affaire Galilée, par exemple, et d'autres dans la question de savoir si les Indiens d'Amérique avaient une âme, comme dans la mise à mort d'un ancien dominicain, Giordano Bruno, intellectuel dissident tous azimuts. Son âme missionnaire n'empêcha pas sa suffisance, croyant qu'elle pouvait exporter et faire appliquer in extenso le savoir théologique romain, sans la reconnaissance des cultures locales. L'expérience de sa première mission au Brésil en est un exemple flagrant. La seconde moitié du XXe siècle connaîtra encore ce penchant avec la condamnation vaticane de la théologie de la libération d'un théologien péruvien, Gustavo Gutiérrez, critiquée pour la part de son inspiration marxienne. Cependant, sur le plan de l'émancipation des pensées par rapport à l'Église, le siècle des Lumières, qui prit les distances que l'on sait avec elle, serait-il apparu sans les sources humanisantes transmises par des générations d'hommes d'Église ?

Mais un réflexe annexe vient se greffer sur le précédent. Une illustration en fut donnée récemment, lors d'une réunion de la Commission des épiscopats de l'union européenne, la COMECE. Un rapporteur français, Christian Kratz, évêque auxiliaire de Strasbourg, qui en était alors le délégué français, rapporte des réactions d'évêques de l'Europe de l'Est. Un évêque letton lui avait dit : « Expliquez-moi : vous avez la prospérité et la liberté en Occident. Nous, nous avions la pauvreté, la misère parfois, et l'oppression. Qu'avez-vous fait de la foi ? Nous, nous avons l'impression que notre foi s'est affermie dans l'épreuve, et nous ne comprenons pas la situation chez vous. » D'autres avaient ajouté : « Si l'Europe doit nous conduire à devenir comme vous, on n'en veut pas [332] ! »

DES AUTONOMIES REVISITÉES

La rupture inaugurale rencontrée ci-dessus amène donc à prendre acte du moment où la métaphysique d'Aristote laissa place à la pensée d'une totale initiative humaine dans l'étude des mouvements et de leur dynamique. Déclarée, donc, vieille à la suite de Descartes, la suite a donné lieu à des résultats fulgurants, comme si des ailes, d'un coup, avaient poussé aux hommes.

Cependant, les chrétiens, avec leurs frères juifs, déclarent justement que Dieu nous prend à partir de nos erreurs. L'Ancien Testament, qualifié aussi de Premier, montre avec

---

[332] *Prêtres diocésains*, Ch. Kratz, « Europe, où vas-tu ? », mai 2019, pp. 205-206

surabondance des écarts sur le plan des faits et plus encore sur celui des interprétations. Le Nouveau Testament n'y échappe pas. Ainsi, qu'il y ait quatre Évangiles souligne des différences d'interprétation entre leurs auteurs, renforcées en cela par des communautés aux confessions distinguées.

L'étonnement est dans le constat que la rupture consommée aux origines entre la métaphysique aristotélicienne et les sciences dites exactes, signant l'autonomie de ces dernières, n'entraîne plus de nos jours de farouches oppositions avec les spiritualités. Les rapports entre sciences et elles manifestent une *méta-physique* qui dévoile une consistance neuve. L'extraordinaire rapprochement entre le temps trouvé par Proclus, néoplatonicien du Ve siècle, et celui d'un Étienne Klein, au début du XXIe, en a fourni une illustration.

Olivier Clément, théologien orthodoxe, interviewé en 2003 et appelé à imaginer notre siècle, soulignait que pendant des siècles « l'accent avait été placé sur le divin, quitte à écraser l'humain et la liberté. Puis l'homme a menacé d'écraser le divin. Nous allons vers la rencontre du divin et de l'humain[333]. »

Maintenant, déclarer, comme nous l'avons fait, que l'homme est à la taille de l'univers, voire plus grand, selon l'Église, n'induit-il pas une interrogation nouvelle sur ce qu'est l'homme ? Le même Olivier Clément fait le constat d'un homme devenu orphelin, qui n'a plus de racines hors de l'espace-temps, et de jeunes aujourd'hui « menacés de devenir des *immémorants* ».

Un avenir justifié apparaît donc probablement dans des rapprochements tous azimuts grandissants. L'homme les découvre et se découvre grâce à eux, jusqu'à s'en remplir littéralement. Les confluences reconnues dans ces pages révèlent des accords entre *lieux* fort divers, ou des échos se répondant à distance, qui allument la question de l'existence

333 *La Croix*, 1er août 2003, pp. 10-11

d'une possible unité. Il est, cependant, des endroits très sensibles, qui touchent les relations interreligieuses ou inter-spirituelles délicates. Mais nous observons déjà que des accords imprévisibles a priori sont apparus spectaculairement en des endroits où l'on ne les soupçonnerait pas spontanément. L'église du Plateau d'Assy, *Notre-Dame-de-Toute-Grâce,* par exemple, face au Mont-Blanc, en est un bel exemple, où se côtoient nombre d'artistes aux convictions si contrastées, comprenant des communistes, tels Fernand Léger, Jean Lurçat, et des croyants de confession juive comme Marc Chagall et Jacques Lipchitz.

Par ailleurs, le pape François et le Grand Imam de la mosquée Al-Azhar, du Caire, Ahmad Al-Tayyeb, ont signé en février 2019, à Abou Dabi, une déclaration[334] où ils reconnaissent que « la diversité des religions vient d'une sage volonté divine. Cette Sagesse divine est l'origine dont découle le droit à la liberté de croyance et à la liberté d'être différents[335]. » Ils voient, en outre, entre Occident et Orient, une « indiscutable et réciproque nécessité ». Ainsi, « l'Occident pourrait trouver dans la civilisation de l'Orient des remèdes pour certaines de ses maladies spirituelles et religieuses causées par la domination du matérialisme. Et l'Orient pourrait trouver dans la civilisation de l'Occident beaucoup d'éléments qui pourraient l'aider à se sauver de la faiblesse, de la division, du conflit et du déclin scientifique, technique et culturel[336]. Des chrétiens, tels Charles de Foucauld et Louis Massignon, parmi d'autres, redécouvrirent la foi chrétienne au contact de musulmans. Le sulpicien Henri de la Hougue, commentant la déclaration, reprend une thèse, certes contestée, mais émise avant lui par des théologiens de renom, tels le dominicain Claude Geffré[337] et le jésuite Joseph

---

[334] *La fraternité humaine - Pour la paix mondiale et la coexistence commune*, Salvator, 2019

[335] *Ibid.*, p. 19

[336] *Ibid.*, pp. 21-22

[337] Cl. Geffré, *Profession Théologien - Quelle pensée chrétienne pour le XXIème siècle ?* Albin Michel, 1999, pp. 50-51

Moingt[338], en pensant le salut des hommes, par le Christ, exclusivement, mais dépassant les limites de la confession explicite du Christ comme Sauveur et Rédempteur[339].

Le bouddhisme, de son côté, met en avant l'assurance, selon lui, de la réincarnation, et nie l'existence d'un Dieu créateur ; ce qui complique singulièrement le problème d'une entente ; avec le christianisme, notamment. Seulement, le regard porté sur la conscience offre un dialogue avec lui. En effet, la conscience tient une place essentielle dans le bouddhisme. Matthieu Ricard, en conversation[340] avec Trinh Xuan Thuan, précise que « notre représentation du monde résulte de la totalité des expériences vécues par notre conscience depuis des temps immémoriaux ». Elle est omniprésente et « se poursuit d'existence en existence ». En outre, elle n'a pas besoin de forme corporelle pour exister. Elle peut se manifester aussi dans d'autres univers. En plus, l'idée d'un « univers cyclique » renvoie à celle d'un univers antérieur au nôtre. Rappelons les propos de Babaji, le sage indien au contact de spécialistes de la physique quantique : la conscience est là avant et après l'espace et le temps. Elle est « la Mère de tout ce qui existe autour de nous. Tout arrive de la conscience dans le Divin, qui est la Mère de ce qui découle du long processus d'évolution des espèces. »

La conscience en régime chrétien, cette fois, tient également une place essentielle, la Tradition insistant avant tout sur l'âme, un mot qui a été écarté par l'université française, parce qu'il porte en lui une connotation étrangère à un matérialisme exclusif, lequel a largement inondé les esprits chez nous. Ainsi, l'Église déclare que l'âme est immortelle. Sous cet aspect, un accord avec la conscience vue par le bouddhisme est manifeste, sans que sa création par Dieu, selon l'Église, ait besoin d'être évoquée ici. Il est à remarquer que le Dalaï-Lama voyant venir à

---

338 J. Moingt, *Dieu qui vient à l'homme*, t. 2, Cerf, 2005, pp. 932-950

339 Cl. Geffré, *op. cit.*, p. 59

340 M. Ricard, T.-X. Thuan, *L'infini dans la paume de la main*, NiL, 2000, pp. 181, 263, 288-289

lui des chrétiens les exhortait à redécouvrir leurs racines. Il apparaît ainsi que des domaines donnent lieu à des réflexions profondes, à partager entre spiritualités.

Le *karma*, selon le bouddhisme, donne aussi à penser pour un rapprochement avec le christianisme. Selon le premier, en effet, la conscience apparaît avec le karma, « comme une loi naturelle », et qui « ressemble plus à un potentiel, à une lettre de crédit ou à une dette qu'à une nécessité. » Il n'est pas « une fatalité, mais le reflet de la causalité, laquelle implique non seulement nos actes, mais aussi les intentions qui les animent[341]. » L'Église, sans jamais parler de karma, professe que des fautes affectent l'humanité depuis des temps immémoriaux, et même l'univers, selon saint Paul : « La création en attente aspire à la révélation des fils de Dieu [...] C'est avec l'espérance d'être elle aussi libérée de la servitude de la corruption pour entrer dans la gloire des enfants de Dieu. Nous le savons, en effet, toute la création gémit en travail d'enfantement[342]. »

Rappelons qu'une interprétation de *Genèse* affirme, comme nous l'avons vu, que l'homme, apparu le dernier parmi toutes les créatures, a été aussi, paradoxalement, le premier ; ce qui amène à penser à l'existence d'un univers où les formes qui sont les nôtres n'existaient pas, et suggère la possibilité d'un univers antérieur, portant le poids d'événements fautifs transmis au nôtre. Il ne s'agit certes pas de justifier pour autant l'existence d'univers cycliques comme dans le bouddhisme, mais de suggérer une antécédence, qui plaide pour un dialogue chrétien avec lui.

---

341 *Ibid.*, pp. 185-186

342 *Lettre aux Romains* 8, 19, 21-22

LES BIENFAITS DE LA DISPERSION

On aura remarqué, plus d'une fois, lorsque mention a été faite d'un résultat scientifique, qu'une parole a pu trouver à s'exprimer en compagnie du christianisme. D'autres le diront du bouddhisme, notamment, avec Matthieu Ricard et Trinh Xuan Thuan. D'autres encore, devraient être en mesure de l'avancer avec l'islam, à la pensée des siècles brillants où, entre le VIIIe et le XVe siècles, des musulmans illustrèrent leur capacité à pratiquer les sciences et la philosophie. Selon le christianisme, il n'y a pas lieu de s'en étonner. En effet, Jésus se définit ainsi : « Je suis le chemin et la vérité et la vie. » Saint Bernard voyait déjà de l'homme en Dieu, avant même l'apparition de la Création, soulignant l'aptitude innée de l'homme à entrer dans l'intelligence de la Création.

Une unité cosmologique semble se dégager par là entre l'esprit et la matière, entre un Dieu créateur et la Création. Cependant, un long travail de distinctions a dû être effectué pour aboutir à la pensée de la reconnaissance d'une unité déjà voulue par les habitants de Babel, mais dans un désir trop tôt déclaré, parce que babil, justement, réducteur jusqu'à une pensée monocolore et anonyme. Ses habitants voulaient pénétrer le ciel par leurs propres moyens. Ils ne savaient pas qu'ils y étaient déjà. Seulement, il est à croire que Dieu prend les hommes à partir de leurs erreurs, car le ciel, comme un rêve éveillé, les attire depuis toujours. Ils ignoraient qu'à terme leur dispersion, provoquée par le Très-Haut, leur serait bénéfique. La richesse de la vie, en effet, n'est reconnue que dans la confrontation laborieuse des idées, le passage par les réfutations, les conflits grâce auxquels se découvre enfin une fabuleuse beauté, reconnue unanimement, en dépit de tant d'incompréhensions et de drames. Cette richesse est à entendre au sens où les cultures trouvent à se rencontrer et à s'enrichir. Ainsi, le Concile Vatican II, qui avait réuni les évêques du monde entier entre 1962 et 1965, alla jusqu'à affirmer que le

Saint-Esprit offre à tous les hommes, « d'une façon que Dieu seul connaît, la possibilité d'être associés au mystère pascal[343]», c'est-à-dire à la capacité offerte de gagner des chemins d'entente et de libération. Un théologien. Albert Peyriguère, grand connaisseur de l'Afrique du nord et de l'islam, et disciple de Charles de Foucauld, écrivait à propos des non-chrétiens qu'ils ont une parenté charnelle avec le Christ, qui travaille en eux comme un dynamisme pour les acheminer vers la parenté spirituelle[344]. Louis Massignon écrivait pour sa part : « Si je suis devenu croyant, il y a trente ans, après cinq années d'incrédulité, c'est à des amis musulmans de Bagdad, les Alüssi, que je le dois. C'est en arabe qu'ils ont parlé de moi à Dieu, en priant, et de Dieu à moi, et c'est en arabe que j'ai pensé et vécu ma conversion [...]. D'où la reconnaissance profonde que je garde de l'islam[345]. » Raimon Panikkar, prêtre, de mère espagnole et de père indien, parti en Inde, à la découverte de ses racines paternelles aura cette formule : « J'ai quitté l'Europe en chrétien, j'ai découvert que j'étais hindou, et j'en suis rentré comme bouddhiste, sans pour autant avoir cessé d'être un chrétien[346]. » Des accords interviennent ainsi là où l'on ne les attendrait pas spontanément. La suite le montre encore avec force.

THÉOLOGIENS ET *SCIENTOLOGIENS*

Les théologiens éprouvent le souhait très humain de traduire la profession de foi qu'ils portent en eux-mêmes à destination des croyants et d'autrement croyants. Ils savent qu'ils sont loin

---

343 Concile Vatican II, constitution pastorale *Gaudium et spes*, n° 22

344 A. Peyriguère, *Laissez-vous saisir par le Christ*, Centurion, 1963, p. 157

345 *Ibid.,* L. Massignon, lettre du 26 février 1938 à Noureddine Beyhum, in J. Keryelle (éd.), *La nouvelle hospitalité*, Nouvelle Cité, 1987, pp. 53-54

346 R. Panikkar, *Entre Dieu et le cosmos*, Albin Michel, 1998

de répondre aux désirs de nombreux contemporains, qui trouvent à redire à l'existence d'un Dieu présent. Parallèlement à cet état de fait, une grande majorité de nos contemporains ne trouve rien de gratifiant, non plus, à méditer sur ces merveilles que représentent les avantages pratiques tirés de résultats scientifiques. Ils en usent comme d'une réalité banale n'ayant rien à dire. Or, voici que des scientifiques publient aujourd'hui en grand nombre les résultats de leurs recherches à l'adresse d'un grand public, dans un style qui n'a rien à voir avec la scientologie. Ils entendent exprimer ce qu'ils éprouvent de bonheur à faire bénéficier les autres de leurs lumières, et à en témoigner largement, sans gommer les difficultés, manifestant par là une relation très humaine, vraie, avec leur discipline. Nous proposons de les appeler *scientologiens*.

Une question est alors soulevée : d'où vient le désintérêt d'une grande part de nos concitoyens pour des méditations inspiratrices de stupéfactions devant ce dont nous bénéficions sur le plan matériel ? Tout s'achète en la matière, dira-t-on, puisque les biens acquis se paient, et nous voilà donc quittes de toute reconnaissance. Leur obsolescence est d'ailleurs si souvent programmée. Les avantages accordés par les matériels courants sont donc réputés ne pas avoir besoin de réflexion philosophique. Donc, pas de mystère dans ce registre.

Nombreux sont ceux qui se tiennent à distance tant de la culture scientifique que de la culture religieuse. Un immense quant-à-soi se manifeste de la sorte, même si beaucoup, sans se l'avouer tout à fait, cherchent une vérité, plus que jamais en procès ou déclarée vaine. Ajoutons que la grande différence d'intérêt sur ces questions entre hommes et femmes ne facilite pas, non plus, la clairvoyance. Il apparaît, à ce propos, que dans notre tradition héritée, sciences et théologie mobilisent beaucoup plus d'hommes que de femmes, et que dans les assemblées du dimanche à l'église le nombre de femmes est largement supérieur à celui des hommes. En Occident, du moins, la place déclarée naturelle ou plutôt culturelle, réputée revenir à chacun, chacune durant des siècles, explique en partie les attirances respectives en ces domaines.

Un point commun caractérise donc théologiens et scientologiens : le constat partagé d'une absence d'intérêt marqué dans une large part de la société pour ce qui les occupe. Notre temps, pourtant, a besoin de restaurer le goût de larges partages pour résister à un immédiat déclaré suffisant, lequel affaiblit sûrement la santé de la planète en limitant l'intelligence de la vie à l'intérêt immédiat, en incitant à la paresse de l'esprit, et donc à l'étouffement du sens de l'existence.

Nous avons fait état, plus haut, d'un sentiment général d'émiettement anthropologique, d'un individualisme revendiqué comme si un *à chacun sa vérité* était justifié, au risque d'un relativisme absolu, générant une violence sans nom, du fait de frontières induites qui n'osent pas s'avouer, et aboutissant au licenciement de la confiance en soi comme en autrui, à une absence totale de perspectives durables et partagées. La souffrance et la mort refusées portent un égo surdimensionné à ne croire qu'en lui, empêchant des relances de vie personnelle vers un surcroît d'humanité.

Certains en viennent à parler d'une ère de post-vérité. La pandémie aidera-t-elle à trouver un nouveau souffle ?

LA FORCE DE LA PAROLE

Le rapprochement qui vient d'être effectué entre scientifiques et théologiens témoigne d'une évolution historique que rien ne pourra défaire. Il témoigne d'une ouverture, d'un signe des temps actuels, vers un dialogue qui, s'il était absent, entraînerait une régression de l'intelligence de la vie. Il ne s'agit en rien de vouloir établir entre eux un pontage sous les auspices de la raison rationalisante, mais d'entendre des paroles autres qui ne congédient en rien les capacités propres de chacune des parties.

Nous avons plaidé pour la reconnaissance d'un univers à taille humaine, mais cela ne doit pas condamner le rêve scientifique de vouloir le mettre en équations, et même en une seule équation. Cela ne doit pas empêcher, non plus, que l'homme soit, en puissance, la mesure de toute chose, parce que nous plaidons qu'il en a la taille. Le vieux sage Huang, déjà rencontré, disait à Fabienne Verdier : « Apprends à te connaître, et tu connaîtras le Ciel, car il fait partie d'un même tout[347]. »

Il y a lieu, aussi, de faire preuve de modestie dans la formulation mathématicienne, car il est acquis que la visée du quantitatif ne viendra jamais au bout de la complexité du réel. Des systèmes sont, en effet, si sensibles aux conditions initiales que les résultats chiffrés ne peuvent être garantis à plus ou moins long terme, ainsi que nous l'avons vu. Les mathématiques, avec le problème très célèbre du calcul des trajectoires d'un ensemble de trois corps célestes en est une illustration. En matière de météorologie, Edward Lorenz parlait de l'effet papillon : il suffit, écrivait-il, d'un battement d'aile de papillon suffisant pour perturber l'évolution du temps, prouvant par là l'extrême sensibilité de phénomènes aux conditions initiales. Image parlante, même s'il ne s'agit que d'une image, parce que la viscosité de l'air a pour effet d'annuler à faible distance la propagation de l'ébranlement local de l'atmosphère par un papillon. Des astrophysiciens, devenus poètes (Michel Cassé, Aurélien Barrau, …[348]), devant l'impossibilité actuelle de tester une théorie dite des *cordes*, visant les constituants ultimes de la matière, en témoignent avec du verbe, marquant encore une fois que le quantitatif n'est pas au bout des mathématiques[349]. La parole devient donc chez eux obligatoire. Moment crucial, quant à l'avenir d'une discipline. Il arrive ainsi qu'un subtil

---

[347] F. Verdier, *op. cit.*, p. 218

[348] A. Barrau, D. Parrochia (sous la direction de), *op. cit.*

[349] I. Ekeland, *Le calcul, l'imprévu*, Seuil, 1982, p. 52

passage du déterminisme à un autre se devine chez des chercheurs, les appelant à dépasser le silence, à tenir une parole inédite, trouvant à se formuler et à s'élargir vers un curieux surcroît d'humanité, exposée de la sorte. Ainsi, selon Aurélien Barrau, « la poésie, c'est la précision. [...] La poésie, c'est l'implacable nécessité d'un agencement qui déconstruit en respectant. C'est le choix d'une immense cohérence locale conjuguée avec une espèce d'errance globale[350]. »

Dans un sens peut-être bien voisin, Kurt Gödel, un mathématicien allemand, démontra en 1931 que les mathématiques doivent compter avec l'indécidable ; ce qui signifie qu'elles ont besoin, dans leur démarche, d'ajouter des axiomes, ces propositions supposées évidentes, donc sans démonstration, à ceux déjà adoptés, mais qui ne garantissent pas une non-contradiction avec des résultats déjà établis. Un risque est donc à prendre, même si, jusqu'à l'heure, il n'en a pas été repéré.

À noter que les transhumanistes ne croient pas à la force de la parole, les big data leur suffisent. Ils jettent tout leur dévolu sur les algorithmes, qui ne s'appuient que sur des raisonnements mathématiques. Mais, curieusement, ils ne parlent jamais de la matière, infiniment plus secrète que ces derniers sur son fonctionnement. Sans doute, biologie et neurosciences font partie de leur vision de l'avenir, à la pensée des mixages entre l'homme et la machine, jusqu'à rêver de transférer la conscience dans l'artificiel, mais ils semblent ne jamais mettre en doute leur capacité à venir à bout des difficultés inévitables dans tous les parcours de la recherche, comme s'ils pouvaient se passer finalement de la parole. Curieux monde-univers, dans ces conditions, qui exalte sa pleine possession, alors que la matière n'a pas encore tout révélé de ce que l'homme peut découvrir encore.

Il demeure que la solution de l'univers s'écrit en l'homme. Pascal pensait déjà que « l'homme passe infiniment l'hom-

---

[350] A. Barrau, *Le plus grand défi de l'histoire de l'humanité*, Michel Lafon, 2020, pp. 202,203

me[351]. » Hildegarde de Bingen, une religieuse du XIIe siècle, parlait dans le même sens en lisant en l'homme la figure unifiant l'univers créé, le macrocosme de l'univers. Bernard de Clairvaux et les plus hautes autorités de l'époque l'avaient rassurée sur le don reçu, qui la poursuivait depuis l'âge de 5 ans. Elle obéit finalement, à 65 ans, à la voix qui lui disait : « Écris ce que tu vois et ce que tu entends. » Elle décrira dix visions dans *Le Livre des œuvres divines*. Dans la première, elle écrit : « L'homme, [Dieu], le créa à son image et à sa ressemblance. En lui, il inscrivit, avec fermeté et mesure, la totalité des créatures[352]. » Maxime le Confesseur écrivait au VIIe siècle que l'homme est « comme un vaste atelier qui contient tout et réunit en lui ce qui est séparé et éloigné dans la nature[353]. », et saint Paul, au premier siècle, dans l'épître aux chrétiens de Colosses, que tout dans l'univers est maintenu dans le Dieu fait homme[354]. Peu après, l'auteur du quatrième Évangile écrira[355] qu'en prenant chair le Verbe créateur est venu « chez lui », dans « son propre bien ». Voilà pourquoi, selon les chrétiens, le monde qui nous entoure est potentiellement en acte d'effectuation historique, au-dedans de l'homme.

DES PIERRES COMME EN ATTENTE

La poésie en vient, avons-nous vu, à être sollicitée par des scientifiques, une fois épuisées les ressources quantitatives,

---

351 B. Pascal, *Pensées* in *Œœuvres complètes*, Bibl. de la Pléiade, 1980, p. 1207, 201 [258]

352 H. de Bingen, *Le Livre des œuvres divines*, coll. Spiritualités vivantes, Albin Michel, 2011, p. 122. Nous empruntons les propos à B. Gorceix, qui fait la présentation de la moniale dans l'ouvrage.

353 Maxime le Confesseur, *Ambigua*, 1305A, in *Communio*, tome 43-5, 2018, p. 42

354 *Épître aux Colossiens* 1, 17

355 *Évangile de saint Jean* 1, 11

pour répondre aux interrogations. Des philosophes et des spiritualistes, de leur côté, entretiennent une autre forme de passion pour les grandes questions existentielles, pour manifester des convictions, elles aussi, à tendance unitaire. Edgar Quinet, un historien du XIXe siècle, à la fois athée et libéral, qui fut professeur de littérature au Collège de France, s'intéressait, en fait, beaucoup au christianisme. Il a ces mots dans *Génie des religions*, qui illustrent, tel un réflexe inné, une ressemblance entre spiritualités : « Veut-on savoir quelle fut, à la nouvelle du christianisme, la dernière tentative des religions païennes ?... Au bruit de la doctrine qui ravivait les morts, le Paganisme lui-même se ranima comme un affreux Lazare. Il jeta encore dans son agonie une lueur extraordinaire ; voyant de quel côté penchait le monde, il consuma sa dernière heure à se transfigurer. [...] Chose incroyable ! ce corps délabré essaya de lutter de jeunesse, de spiritualité, d'idéalité, de pureté avec la parole nouvelle. Cet effort fut soutenu dans Alexandrie par les plus nobles intelligences, les Porphyre, les Proclus, les Plotin, les Julien ; car la philosophie avait senti qu'elle avait frappé trop fort la foi antique ; pour sauver la religion, elle lui prêtait ses doctrines ; de là, ces dieux du corps qui soudain se convertissent en dieux de l'esprit, emblèmes de la métaphysique la plus subtile. Le Paganisme ainsi réparé, exalté, rentre dans l'école de Platon, en même temps que les saints Pères. [...] Des Christs précurseurs, Bouddha, Fo-Hi, Lao-Tseu, naissent de vierges inconnues dans les Bethléem de la haute Asie. [...] Eden, paradis, âge d'or, où vous chercher si vous n'êtes pas en nous-mêmes ? Des voix secrètes nous attirent, les unes vers le passé, les autres vers l'avenir ; lesquelles faut-il suivre ? Nous avons reçu notre berceau encore retentissant des hymnes des premiers hommes : voulons-nous y rentrer ? »

Il apparaît également que des vérités très subtiles, opérant dans des cultures de prime abord si étrangères les unes aux autres, se dévoilent comme apparentées. Ainsi, Fabienne

Verdier[356], peintre, déjà rencontrée, évoque-t-elle avec gratitude ses relations en Chine avec des êtres d'exception, « revenants des temps anciens d'avant la Révolution culturelle », ces « héritiers du patrimoine de l'humanité », humiliés par leurs propres enfants et le pouvoir en place, qui témoignent d'une résistance exceptionnelle de la vérité artistique, jugée vieille et dépassée par le milieu ambiant. Après de longues années de pratique au pinceau, elle finit par comprendre à leurs côtés le « lien fondamental entre l'acte de création de l'homme et l'acte de création de la nature. » Un vieux maître, à la fois un des plus grands musicologues d'Asie et calligraphe hors pair, peintre, graveur de sceaux, Lan Yuang, apprend à Fabienne Verdier à découvrir le sens de « pénétrer l'univers organique de la matière. [...] Il apportera à ton œuvre une dimension cosmogonique[357]. » Par où se retrouve quelque chose de la découverte de l'homme en l'univers et de la pensée de l'univers à taille humaine. Ainsi, la vérité transcende les cultures particulières : « J'oubliais complètement qu'ils étaient chinois, alors que je me trouvais au cœur même de la spécificité chinoise[358]. » Seulement, pour y parvenir, préviennent-ils, il faut aller au-delà des mots, surtout lorsqu'ils sont traduits dans une autre langue. Voilà pourquoi les arts s'avèrent nécessaires. Ils transcendent les cultures, via le silence, tel celui du calligraphe, ce « passager du silence, un funambule », familier de « l'errance intuitive sur les territoires infinis[359]. » La vérité intime est à ce prix, et voilà pourquoi il devient prévisible que la physique fondamentale calera à jamais, à un moment de son histoire.

Edgar Quinet, toujours lui, amène à penser qu'un sens nous habite. La direction n'est manifestement pas unique, mais elle vise dans toutes les approches l'ensemble d'une vie humaine. Les enfants aux Mistrals gagnants, ces humains diminués, sont

---

[356] F. Verdier, *op. cit.*, pp. 256, 264-265

[357] *Ibid.*, p. 283

[358] *Ibid.*, p. 265

[359] *Ibid.*, p. 307

ici des maîtres à vivre et à penser. Leurs rires et leurs larmes parlent pour eux. À les voir, se dégage de leur être une conception qui nous est commune de l'existence, l'aveu spontané de leurs épreuves, transcendé par une joie bienheureuse, qui ouvre leur intelligence d'une manière si inattendue aux yeux des adultes à une communion autrement naturelle. Ils font penser aux trisomiques, à l'affection débordante, qui nécessitent tant de soins, mais ne demandent qu'à vivre, et que la société élimine systématiquement, à plus de 95 %, par le dépistage, lors de la grossesse, comme un acte naturel, qui ne mérite aucune considération.

Des appels remuent, comme des phares dans la nuit, émis par d'humbles vies humaines qui n'en ont pas conscience. C'est plus fort qu'elles, et cela remonte peut-être encore plus haut que la petite enfance, et que la mémoire peut nous le rapporter. Une communauté innée d'appartenance se révèle de la sorte, avec du sublime, deviné à l'intérieur.

DES BEAUTÉS À L'ARRÊT ?

Des physiciens ont donc évoqué la question d'une vraisemblable impossibilité de poursuivre leurs recherches, se voyant amenés à sonder des marécages et à une recherche vaine des sources. Grande question ! La recherche scientifique en physique fondamentale serait-elle donc arrivée à la fin de ses pouvoirs de découvertes et de jubilation devant la beauté de ses victoires ? Déjà, dira-t-on ? Comme elle serait allée vite en besogne ! Doit-elle se faire une raison en se disant qu'elle a fait son chemin, et que le temps est venu pour la recherche de creuser ailleurs, vers les neurosciences, la biogénétique et l'intelligence artificielle, par exemple ? Le prestige justifié par la construction d'immenses appareils de prospection de la matière du genre LHC, le grand collisionneur de particules, cet anneau de 27 kilomètres de circonférence, à la frontière franco-helvétique, et qui a permis la découverte du boson de Higgs, appartient-il dorénavant à un mythe ? Des théoriciens en viennent à douter et dépriment à l'idée que cet appareil ne puisse rien offrir de plus que la découverte de ce fameux boson[360]. Des projets, pourtant, encore plus titanesques sont à l'étude, mais avec un rendement problématique, aux dires de chercheurs[361], devant la rareté des découvertes à espérer. Le Graal de la physique, qui nous a occupés plus haut, éprouve les chercheurs par sa résistance à sa mise en équations. Le problème ne posera-t-il pas la possibilité de sa résolution jusqu'à envisager un autre style d'accouchement ?

Le terme de nos progressions en physique des particules ne rejoint-il pas une autre limite, celle de la possibilité de fouler le sol d'une exoplanète, du fait des distances reconnues plus que jamais astronomiques, qu'il faudrait parcourir pour l'atteindre, et celle des vitesses qu'elles nécessiteraient, sans commune mesure avec les performances de nos engins. Ainsi s'exprime Michel Mayor[362], prix Nobel de Physique 2019 avec Didier Queloz, découvreurs de la première exoplanète en 1995. Et l'astronome, de s'en prendre au battage médiatique autour de cette découverte qui donne trop facilement à penser que la présence d'eau signerait, à entendre des prophètes, la présence de vie, alors que les conditions de son apparition nécessitent une foule de conditions, notamment les bienfaits de la tectonique des plaques et une atmosphère extrêmement fine, sans parler de la présence de la lune, qui stabilise le parcours de la Terre autour du soleil. Et n'y a-t-il pas, devant les craintes de physiciens des particules, une cohérence, avec l'idée répétée, que le quantitatif n'est pas au bout des mathématiques ? À croire, aussi, qu'il y a des riens qui illuminent tout. Pierre

360 S. Hossenfelder, *op. cit.*, pp. 84, 105

361 *Ibid.*, pp. 17, 18, 104

362 Interview in Hors-série, *Sciences et Avenir*, n° 200, janv.-févr. 2020, p. 38

Soulages n'en donne-t-il pas une illustration avec ses vitraux en verre translucide qui change de couleur suivant la position du spectateur ? Il suffit, en effet, d'un très faible déplacement pour qu'il en soit ainsi.

Reste alors la parole, toujours au rendez-vous, comme le montrent les prévisions météorologiques à plus ou moins long terme. La parole, voire la poésie, serait-elle donc amenée à *clore* les théories de la physique ? Curieusement, le Dieu des hébreux ne s'y prend pas autrement en matière de Genèse de l'univers. Aurait-il parlé pour créer, parce que le calcul ne peut avoir la verve aventurée du verbe nécessaire à tout acte jubilant fondateur ? Ainsi : « *Que la lumière soit*, et la lumière fut. […] *Qu'il y ait un firmament au milieu des eaux, et qu'il sépare les eaux d'avec les eaux*, et il en fut ainsi[363]. »

Il semble admis que « presque tous les scientifiques vivent secrètement un conflit d'intérêt entre financement et honnêteté », et cela avec une part de « silences coupables[364]», afin d'attirer des crédits. Comment ne pas faire un rapprochement avec le coronavirus qui donna lieu à un scandale : celui de SANOFI qui, sous prétexte qu'un pays a largement contribué financièrement à sa recherche d'un vaccin, lui en réserve la primeur ? À croire que l'idéal de la recherche scientifique au service de tous les humains soit à ce point menacé par des chercheurs avides de profits et de donateurs égocentristes.

Il reste que la science ne peut prétendre avoir le mot de la fin sur le réel, à moins d'une prétention humaine à croire pouvoir atteindre les fondements de l'univers, sans se poser la question de savoir si cela n'équivaut pas à toucher les fondements de l'homme.

---

[363] *Genèse* 1, 3, 6

[364] S. Hossenfelder, *op. cit.*, p. 234

LES SPIRITUALITÉS, À LA RENCONTRE DU MONDE

Si les scientifiques ne prétendent plus avoir le mot de la fin sur le réel, l'Église, de son côté, n'est plus au temps où elle donnait le ton à la société. Jusqu'à la première moitié du XXe siècle, un trait de morale écrit au tableau noir des écoles primaires était donné à lire aux élèves, dans le Public comme dans le Privé.

Le Concile de Trente, qui se déroula entre 1545 à 1563, en réaction à Luther, porta en avant, avec une vigueur exceptionnelle une figure du prêtre, qui régna pratiquement jusqu'au Concile Vatican II, en 1962. Les prêtres, les curés… on en parlait au pluriel, mais surtout au singulier : *on* avait *son* pasteur, qui habitait là, à demeure, savait tout, parce que chacun ou presque, du moins dans les villages, était tenu, au moins une fois par an, de raconter sa vie par le menu, en confession, à M. le curé, avec les fameux commandements de l'Église. Le prêtre était en permanence non seulement à part de la société, mais *posé* face à son peuple ou devant. Il marchait en tête, lors des processions ; tous derrière, et lui devant. Il était vu, en quelque sorte, au sommet de l'humanité, et perçu encore plus haut que les religieux, parce qu'appelé à vivre l'ensemble des charismes de la vie religieuse[365] ; à ce point, aussi, que la condition féminine était mise plus encore en position de soumission, non seulement par rapport aux prêtres, mais aussi, en conséquence, par rapport aux hommes.

Les regards contemporains sur la vie témoignent de changements spectaculaires de perspectives, où le ton donné à la société se décline de plus en plus au pluriel, ouvrant sur des ailleurs. Ainsi, les interpellations entre sciences et spiritualités suggèrent des attitudes globalisantes aptes à aider notre époque,

---

[365] P. Pierrard, *Le prêtre français, du Concile de Trente à nos jours*, Desclée 1986, p. 39

en sa mondialisation, à résister aux profits immédiats égoïstes, et à ne voir la Terre que comme un ensemble de ressources à extraire, à prendre conscience, enfin, que « la maison brûle ». Ensemble, elles contribuent à faire du sens. Seulement, ce programme ressemble à un immense défi, en raison des divergences entre spiritualités, comme à l'intérieur de chacune. La lecture actuelle de la création de l'univers en *Genèse*, par exemple, témoigne de grosses différences d'interprétation. Parmi les croyants, les fondamentalistes lisent le texte au pied de la lettre, en n'admettant aucune autre interprétation. Ils entendent ignorer que les genres littéraires pratiqués dans le Premier Testament étaient liés à la culture d'une époque. Les créationnistes, pour leur part, avancent l'idée que les créatures sont apparues sans évolution, et les concordistes, qu'il y a un passage direct des textes aux résultats scientifiques. D'autres croyants reconnaissent que la vérité biblique a un dessein plus large que les interprétations d'une époque, et que la vérité se cherche et se gagne, pour notre bonheur, en creusant le goût d'aller plus loin encore et ailleurs, comme la vie de tous les jours réserve son lot d'énigmes et de joies, pour notre édification. La vérité se cherche en s'élargissant, où qu'elle se trouve, et voilà pourquoi elle condamne les opinions personnelles encouragées par un milieu ambiant délétère, oublieux systématique des enseignements de la tradition.

Nidhal Guessoum, astrophysicien musulman, avance pour sa part que la science éprouvée par une immense majorité de musulmans (y compris chercheurs et professeurs d'université) n'est pas celle de l'Occident, car celle-ci les force, selon eux, à un dualisme dans lequel ils ne se reconnaissent pas. L'auteur fait part aussi d'un sondage établissant que, sur pratiquement toutes les questions, les réponses des professeurs musulmans ne diffèrent pratiquement pas de celles de leurs étudiants. Ainsi, selon lui, des années d'études supérieures, de recherches scientifiques et de maîtrise de la méthodologie académique n'ont pas élevé les professeurs musulmans au-dessus du niveau des étudiants de première année[366]. Il est à remarquer, cependant, que des chrétiens de l'autre côté de l'Atlantique, notamment, s'inscrivent, jusque dans de hautes sphères du pouvoir, dans les trois premières attitudes énoncées précédemment.

Malgré ces déconvenues historiques, Jean-Pierre Luminet, dans un ouvrage sans prétention historique rigoureuse[367], souligne la jonction, durant le Moyen Âge, entre mathématiques et astronomie, qui permirent la détermination précise du Ramadan, des moments de prière, des dates de jeûne et de pèlerinage, et des lumières sur le parcours des astres. Comment oublier aussi, ajoute-t-il, le monde arabo-persique, dont Al-Khwarizmi, inventeur des algorithmes, au IXe siècle, et Qadi-Zadeh, au XVe, éminent directeur du plus grand des observatoires de l'époque, à Samarcande ? Comment oublier encore que Ptolémée sera corrigé par des astronomes arabo-musumans, cités par Copernic, dont Al-Battani et Al-Zarkali ? et qu'une foultitude d'étoiles portent des noms arabes : Aldébaran, Algol, Alkaïd, Alphéretz, Altaïr, Bételgeuse, Hamal, Rigel, Véga, etc ?

Il revient à nos mentalités occidentales de faire mémoire de ces apports, sans oublier la philosophie arabe, largement ignorée chez nous[368], et les relations quotidiennes dans les milieux populaires entre personnes de confessions différentes qui ensemencent avec bonheur les comportements dont nos sociétés ont besoin, attestant une égale dignité, et qui promeuvent les vertus de la pratique ordinaire des circuits courts en ces temps d'immédiateté consumériste à grands moyens.

---

[366] N. Guessoum, *Islam et science - Comment concilier le Coran et la science moderne*, Dervy, 2013, p. 271

[367] J.-P. Luminet, *Ulugh Beg, l'astronome de Samarcande,* JC Lattès, 2015

[368] A. Benmakhlouf, *Pourquoi lire les philosophes arabes*, Albin Michel, 2015, pp. 189-190

Nous répétons avec d'autres que sciences et spiritualités, grandes religions, dégagent une atmosphère propre à valoriser une contribution à un regard commun sur l'avenir du monde. Malgré les divergences qui les affectent, une confluence de signes les rend aptes à sensibiliser les peuples sur une destinée commune. Le Liban, qui fut un magnifique exemple de convivialité entre musulmans et chrétiens, se voit aujourd'hui contré par un pouvoir politique corrompu à la racine, mais aussi dépassé par un enfermement mortel causé par des mentalités communautaristes extrêmes. Or, nous avons fait état au long de ce parcours de confluences qui témoignent de signes des temps justifiant des ouvertures qui n'éliminent pas les particularités spirituelles. Le concept de communautarisme qui a tendance à s'installer en France prête à ambiguïté car il est compris comme repli communautaire. Il s'agit de faire communauté, au sens où une même appartenance religieuse rassemble des croyants, et demande, dans sa particularité, à entretenir une relation quotidienne et fraternelle avec les autres et l'ensemble de la société, et donc une citoyenneté à part entière, laquelle réclame assurément, par les temps qui courent, un inédit contrat social.

UN UNIVERS SACRÉ ?

Dans son ouvrage *Vertige du cosmos*[369], l'astrophysicien Trinh Xuan Thuan avance que nous avons perdu le sens du sacré qui inspirait les Anciens. Il dresse à ce sujet une liste d'anciens observatoires astronomiques, illustrant un rapport entre l'homme et le cosmos. Ainsi, portent-ils la marque d'un intérêt notable pour le retour des saisons, la prévision des temps propices à la culture de la terre. L'observation du soleil et de la

[369] T.-X. Thuan, *op. cit.*, pp. 33-125

lune offrait manifestement des réponses, comme l'attestent, par exemple, le complexe mégalithique de Stonehenge, dans le sud de l'Angleterre, et les alignements de Carnac en Bretagne. En Égypte, des temples affichent aussi une orientation liée au soleil. La façade du temple d'Abou Simbel, notamment, est tournée précisément vers le soleil levant au solstice d'hiver, frontière symbolique de l'augmentation de la durée du jour et, donc, d'un retour à la vie. Au Cambodge, le temple d'Angkor Vat symbolise le cosmos, et ses bas-reliefs, la création du monde. Au Nouveau Mexique, des bâtiments se révèlent architecturalement à l'image du domaine céleste. En Amérique centrale, les Mayas érigèrent un observatoire, le Caracol, qui présente de nombreux alignements cosmiques, ainsi qu'une pyramide. Au Pérou, des figures géantes, dessinées à même le sol, représentent des êtres énigmatiques, animaux stylisés et végétaux, qui posent la question de leur signification. Une harmonie et un désir d'ordre cosmique se donnaient, au total, à reconnaître.

D'autres monuments possèdent des alignements astronomiques et une référence explicite à la mort comme à l'au-delà. Ainsi, Stonehenge présentait probablement un enclos funéraire, et en Égypte, la pyramide de Kheops avait manifestement été bâtie pour abriter la dépouille d'un pharaon.

L'astronomie chinoise était, elle aussi, de la partie avec l'empereur, *le fils du Ciel*, qui était tenu de se conformer aux commandements du Ciel sous peine de se voir révoqué. Trinh Xuan Thuan signale avec malice que l'astronomie occidentale négligea de signaler l'étoile du Crabe, apparue en juillet 1054, parce qu'elle s'appuyait sur Aristote, selon lequel le monde supralunaire est d'une parfaite immobilité, alors qu'elle fut perçue par les astronomes chinois [370]. Il est reconnu aujourd'hui qu'il s'agissait de l'explosion d'une étoile…

---

370 *Ibid.*, p. 120

Au total, l'astrophysicien souligne chez les peuples antiques la volonté de reconnaître le caractère sacré du cosmos dans sa structure, et d'y lire l'interdépendance de l'homme avec lui, manifestée dans des espaces eux-mêmes sacrés, à la surface de la Terre[371]. Il cite l'historien des religions Mircea Eliade : « Tout espace sacré implique une hiérophanie, une irruption du sacré qui a pour effet de détacher un territoire du milieu cosmique environnant et de le rendre qualitativement différent. [...] Dans l'étendue homogène et infinie où aucun point de repère n'est possible, la hiérophanie révèle un point fixe absolu, un centre[372]. » L'auteur en vient à déclarer que si le développement de la science a fait perdre à l'espace son caractère sacré : « il est devenu profane », elle a permis, tout compte fait, à l'homme de redécouvrir une alliance avec le cosmos, réglé de « manière expressément précise pour son apparition, en révélant son interdépendance avec les étoiles », comme le souligne également, selon certains, astrologie descriptive, liant les caractères des personnes aux saisons et aux quatre éléments : l'eau, la terre, l'air et le feu. Au total, « le ciel profane de l'homme moderne est redevenu sacré comme il l'était jadis[373]. » Seulement, le sacré a-t-il place, en vérité, dans l'univers ? En effet, il est déclaré séparé, mais une question se pose alors à l'adresse de l'auteur, qui reprend à son compte le propos de Mircea Eliade. En effet, le *centre* évoqué par ce dernier n'est-il pas, en fait, l'homme lui-même, un centre au moins aussi vaste que l'univers, comme nous l'avons plaidé ? L'univers est touché tout entier, avons-nous répété, en puissance en l'homme, en acte d'enfantement de son identité. Il n'existe donc pas dans l'espace de territoire « qualitativement différent » et séparé. En somme, il n'y a plus de place pour le sacré. Un théologien catholique a cette belle formule : « Dieu a désacralisé le monde

---

[371] *Ibid.*, pp. 94, 121

[372] *Ibid.*, pp. 122-123

[373] *Ibid.*, pp. 431-432

pour le sanctifier[374]. » Jacques Ellul, philosophe et théologien protestant, allait encore plus loin en écrivant que le christianisme a produit des normes sacrées qui ont envahi l'Église, alors que les premiers chrétiens furent accusés par les Romains comme « ennemis du genre humain, [...] mais aussi comme *athées* et destructeurs de religions », parce qu'ils s'en prenaient à « un univers sacré païen[375] ».

Curieusement, et suite à ce qu'écrit l'astrophysicien, à propos des empereurs chinois, un autre fils, descendu du Ciel de Dieu, apparut à des savants, il y a 2000 ans. Ces mages venaient d'Orient, guidés par une étoile, dont la très énigmatique réalité fera couler beaucoup d'encre. Curieusement, la référence à l'astre annonciateur se retrouva avec des bergers ayant ouvert les yeux sur ce contact entre le ciel et la Terre : la naissance d'un fils, venu du ciel, *quantité* négligeable devant l'immensité de ce ciel, et qui s'accompagna d'un retentissement cosmique « au plus haut du ciel », par la voix d'anges, selon le Second testament. Une question : S'il y a d'autres vivants ailleurs dans l'univers, ont-ils entendu la Nouvelle ?

QUAND TOUT SEMBLE SE TENIR

Nous avons plaidé, dans ces pages, pour entretenir la pensée de relations et d'échos qui invitent à des rapprochements.

L'Église catholique a ainsi avancé au long des siècles l'idée de l'existence d'une loi naturelle, qui ne passe plus aujourd'hui. Ce concept est-il pour autant condamné ? Anne Dambricourt-Manassé a fait état de constances dans l'évolution des espèces, et Simon Conway, également, à propos de la photosynthèse et de l'œil. Il apparaît que de vieilles vérités se trouvent reconnues

---

[374] Cl. Bressolette, qui fut professeur à l'Institut catholique de Paris

[375] J. Ellul, *La subversion du christianisme*, Albin Michel, 2015, p. 68

toujours actuelles, ainsi que nous l'avons constaté. On parle beaucoup aujourd'hui, et avec raison, de *modèles* à l'œuvre dans le calcul des structures matérielles, par réalisme, pour reconnaître que les approximations sont, dans l'immense majorité des cas, incontournables, mais fiables.

Le sens commun, de son côté, n'a rien pour briller en apparence. Il apparaît trop commun et confondu souvent avec les a priori, les idées reçues, oublieuses de fondements qui nous caractérisent. Pourtant, nous avons repéré sa pertinence, sa présence éclairée et, parfois, spontanée. N'y aurait-il pas une rencontre à ce sujet avec ce qu'écrit Maria Montessori, créatrice de la fameuse méthode : « Le petit enfant a une tendance que l'on ne peut mieux décrire qu'en l'appelant *la période de sensibilité de l'âme*, dans laquelle il a des intuitions et des élans religieux qui ne surprennent que ceux qui n'ont jamais observé un enfant lorsqu'il lui est rendu possible d'exprimer les besoins de sa vie intérieure[376]. » Avant l'âge de 6 ans, les enfants n'ont généralement pas encore conscience de leur histoire. Ils vivent dans un immédiat permanent, un temps immobile, dégageant dans une immense majorité de cas comme une saveur de l'éternel, des bienheureux. Ils ne cherchent pas, non plus, leur place dans le monde. Rappelons encore le film magnifique : *Et les Mistrals gagnants*, qui montre de ces enfants, sans que, pourtant, le nom de Dieu ne soit jamais prononcé. La place de la philosophie testée dans de toutes petites classes est également fort éclairante. Nous observons par-là combien les intuitions lumineuses enfantines se perdent souvent avec l'*âge de raison*, contrairement à ce qu'il se disait, il y a peu encore.

Il est significatif aussi que des enfants et des adultes en situation de handicap mental sont bien plus réceptifs aux sens (la vue, l'ouïe, le toucher, ...) qu'aux concepts. Ils n'ont pas les

---

[376] F. Cocchini, « La catéchèse du bon Pasteur - Une application de la méthode Montessori », in *Communio*, tome 44, 2-3, 2019, p. 122

moyens d'un recours aux abstractions, mais font pourtant preuve d'une intense profondeur spirituelle[377].

Homme de science, prends ton luth

Le lecteur aura donc reconnu des enchaînements massifs de réalités dans ce parcours : à partir du temps, qui s'exprime dans l'histoire, mais avec la caractéristique d'un non-écoulement, qui en suscite un autre, celui de nos horloges. Ce non-écoulement, qui ressemble à une éternité, car il ne passe pas, fait penser à ces moments où le temps semble justement ne pas passer, parce qu'ils ont été gratifiants et sont passés trop vite à notre goût. La langue en renforce l'attrait, lorsque la poésie s'y mêle et transporte en un hors-temps avec le sentiment bienheureux d'une permanence à vouloir garder et entretenir avec affection. Les transmissions de pensées nous en ont offert la suggestion, et l'éternité se donne à reconnaître, selon les chrétiens, déjà aujourd'hui.

Un enchaînement avec l'homme, à la taille de l'univers, est appelé à se lire après que des anciens l'ont vu comme un microcosme. Mais cela est à lire dans l'absence totale d'un narcissisme, qui lui ferait oublier le monde animal, notamment, et l'absence, également, d'une arrogance, qui assujettit ce dernier à une soumission humiliante. Le transhumanisme a-t-il mieux à déclarer à ce sujet ? On se rappelle que l'homme fut déclaré mort dans la seconde partie du XXe siècle par un Michel Foucault. Il en va de même pour l'histoire, avec Francis Fukuyama.

Enchaînement encore, avec la mise en évidence de recherches de vérités, a priori étrangères les unes aux autres, mais qui interrogent sur un éventuel oméga. Cela sent comme un ferment d'unité qui appelle un examen approfondi, car des résistances font justement vivre plus en profondeur que des certitudes trop abouties.

---

[377] *Ibid.*, A. Polti, « Catéchèse et handicap mental », p. 141

Enchaînement aussi, avec la reconnaissance d'apparentements, donc autres que des analogies[378], entre, par exemple, la physique relativiste et une expérience corporelle vécue par Einstein, à distinguer d'une autre, de pensée, qu'il eut en bâtissant la théorie de la relativité générale. Enchaînement encore, dans ce registre, entre la perception de la nature et le ressenti des chamans inuits.

Enchaînement toujours, avec la reconnaissance identitaire de lois ressortissant de domaines qui, en apparence, n'ont rien à voir entre eux. Ainsi, avec ce que Proclus et Étienne Klein avançaient au sujet du temps, le premier, au Ve siècle, et le second, au début du XXIe. De même, avec la psychologie de la motivation et la thermodynamique, ainsi que la théorie de la relativité, comme nous l'avons repéré avec Jacobson.

Nous sommes parvenus à un temps où les sciences dites exactes et les spiritualités s'interpellent, avons-nous redit. Nous voici, également, appelés à *re-connaître* que des domaines d'intelligence en matière scientifique avec leurs démonstrations propres, qui dépassent en apparence le commun des mortels, sont, de quelque manière, accessibles à tous. Certes, il ne faut pas tout mélanger, respecter l'autonomie des sciences. Cela, on nous l'a assez servi dans nos études, avec raison, et il faut le tenir encore et toujours. Seulement, cela ne signifie pas qu'il faille parler d'indépendance. Ce qui suit le montre encore.

Co-naissances, ... ce joli mot fait penser à une naissance, naissance de la perception d'un monde reconnu présent en moi, qui me remue au-dedans et me déploie sous un jour nouveau à

---

378 Selon Le *Petit Robert*, l'analogie est *une ressemblance établie par l'imagination entre deux ou plusieurs objets de pensée essentiellement différents.* Ainsi, un fils n'est-il pas l'analogue de son père, car il porte en lui une partie (la moitié) des gènes de son père. Ils sont apparentés. Il y a une analogie, par contre, entre les ailes d'un oiseau et celles d'un avion.

La recherche problématique d'une vérité peut faire penser à l'ascension d'une montagne réputée invincible. Il s'agit alors, aussi, d'une analogie.

l'extérieur. La nature, au sens le plus large qui soit, donc de l'univers entier, aide à me définir avec de la poésie et cet aspect de transversalité qui la caractérise, car elle est partout, à notre hauteur, *ici et maintenant*, vécu en tant que part à l'universel. Formulé autrement : « Sous le pont Mirabeau coule la Seine. » Nous avons besoin de la nature pour parler de nous. L'homme est coextensif à son environnement. Un Baptiste Morizot et un Aurélien Barrau se reconnaissent convaincus qu'il faut être poète pour penser au-delà du réglé trop appris en notre culture : « Nous sommes libres de nos émois. Et ils déterminent, finalement, toute la morphologie du monde que nous habitons[379]. »

« La Nature est un temple où de vivants piliers
Laissent parfois sortir de confuses paroles :
L'homme y passe à travers des forêts de symboles
Qui l'observent avec des regards familiers. » (Charles Baudelaire)

« Je ressemble au corbeau du désert,
Je suis pareil à la hulotte des ruines,
Je veille la nuit
Comme un oiseau solitaire sur un toit. » (Psaume 102 - 101)

« Mais la nature est là qui t'attend et qui t'aime.
[…]
Adore ici l'écho qu'adorait Pythagore. » (Alphonse de Lamartine)

C'est grand, rien qu'en lisant, et encore plus beau récité à haute voix. Et, justement, pourquoi est-il plus gratifiant de parler ? Pour ne pas oublier que notre corps, avec sa nature, se met alors à vibrer en augmentant les sensations. Comment,

---

379 A. Barrau, *Le plus grand défi de l'histoire de l'humanité*, Michel Lafon, 2020, p. 209

donc, l'homme à venir pourrait-il s'en passer, comme du *par cœur*, cette façon de se sentir habité, qui va si bien avec ? Avec le rythme, qui est dans notre nature : les battements cardiaques et le numérique qui va aussi avec la marche, les applaudissements, et encore les fameux hémistiches (ces coupures au milieu des vers) de la poésie alexandrine, qui rythment si bien la parole en lui redonnant l'élan :

« Que toujours dans vos vers le sens coupant les mots,
Suspende l'hémistiche, en marque le repos. » (Nicolas Boileau)

N'oublie pas ton corps

Corps compteur inné des temps, des mesures à battre, adepte-né de la danse et des musiques qui le bougent, le remuent au dedans, telles des vibrations de feuilles d'arbres.

Corps danseur aux dimensions de l'univers, à la pensée de Pythagore et de la musique nombrée des sphères, des constellations célestes. Rapprochement avec l'homologie repérée plus haut entre la thermodynamique mathématicienne qui marche si bien, comme la physique tout entière, et la psychologie de la motivation, jusqu'à ne pas finir de nous étonner. Comment des entités abstraites sorties du cerveau de mathématiciens collent-elles si bien avec les phénomènes de l'univers ? Eugène Wigner s'étonnait de « la déraisonnable efficacité des mathématiques à décrire le monde réel. » Seulement, il apparaît que nous avons besoin de régularité pour vivre. Un tremblement de terre permanent serait invivable. Des lois nous sont nécessaires.

Les rythmes… De tous les instruments de musique, la voix humaine est la plus belle. Il ne faut pas la laisser se perdre, mais lui donner corps, par le corps tout entier. À chacun comme à tous, elle est donnée ; avec des gestes, s'il n'est pas possible de faire autrement, ou les paupières, au besoin.

Pensons justement à la musique. Il y a des musiques qui prennent l'homme. Plus que cela, dans des chansons une alchimie, un accord familier entre le texte et la mélodie, se dévoile ; entre le texte, où l'homme en son corps se livre tout entier, et l'air tout rempli d'atmosphère. Arletty ne réalisait pas, en entendant Louis Jouvet lui parler d'atmosphère, qu'elle le prendrait au mot : « Atmosphère ! Atmosphère ! Est-ce que j'ai une gueule d'atmosphère ? »

Poésie, chantée par Didier Bourda, qui voit dans le poète « quelqu'un qui danse le texte, au moins dans sa bouche. »

Corps au singulier, découvert assez grand pour remplir l'espace, et danser sans partenaire, ce dernier à l'absence impensable, il n'y a pas si longtemps encore, jusqu'au temps de la Boum de Sophie Marceau. Que peut donc signifier ce changement qui n'étonne plus ? Serait-ce une simple revendication devenue spontanée des personnes, liée à un changement d'époque, ou la déclaration d'une identité également partagée, mais voulue plus personnelle ? Serait-ce, alors, l'aspiration à ne pas se laisser enfermer par la pesanteur, la gravité – physiquement bien nommée ! –, l'expression d'un désir implicite de légèreté physique, accouplé à une sorte de transcendance manifestement sécularisée ? Les derviches tourneurs donnent à méditer spirituellement à ce propos, manifestant dans leur ronde cosmique la réception d'un don du Ciel reçu dans une main, pour le confier à la Terre, par l'autre main.

Corps découvreur des secrets de la nature avec Einstein, les chamans du Groenland et les autres, coupeurs de feu, sourciers, guérisseuses du zona, … et l'architecture des villes, promises, sous peine de mort, à vivre en relation avec la verdure, non pour les décorer, mais comprise enfin comme une nécessité, et contribuant, de surcroît, à des bilans énergétiques positifs. Corps de talents et de prodiges innombrables, mais aussi d'ombres qui le défigurent. Corps immense, blessé, d'un homme à la taille de l'univers. Sans doute, aucun parmi nous n'est de taille à le lire en clair. Pourtant, le sens commun éprouve qu'un mal en notre corps, si local soit-il, entraîne un ressenti dans l'ensemble du corps. Je suis concerné, mis en demeure de ne pas rester indifférent au glas qui sonne. Je ne puis clamer que l'univers ne me concerne pas, ne me regarde pas, que ça m'est égal, que je n'ai rien à en penser et moins encore à en faire. Sans doute est-ce une énigme qui me dépasse, mais réaliser qu'il est des énigmes qui se ressemblent, quand bien même elles n'auraient rien à voir entre elles, m'interroge pareillement. Rappelons-nous le vieux starets russe déclarant, un jour, à sa communauté monastique : « [Le religieux], quand il comprendra que non seulement il est pire que tous les laïcs, mais coupable de tout envers tous, de tous les péchés collectifs et individuels, alors le but de notre union sera atteint. Car sachez, mes Pères, que chacun de nous est assurément coupable ici-bas de tout envers tous, non seulement par la faute collective de l'humanité, mais chacun individuellement, pour tous les autres sur la terre entière. »

Relations comprises encore, avec les transmissions de pensée, jusqu'au sentiment d'une immense densité de présence et de solutions aux autres, à la vie, sans frontières, ici comme ailleurs, dans la permanence d'un temps alors reconnu immobile.

Faire corps. J'ai un corps. Plus encore, je suis un corps : corps de relations avec autrui, mais aussi par tout ce que je suis appelé à vivre, à intégrer en moi, à assimiler de l'univers. Corps sans limite, parce que tout m'appelle, même si je suis loin du compte, et c'est tant mieux, car même l'ennui se révèle utile et même nécessaire à vivre. Mais corps encore blessé par toutes les atteintes faites au particulier, comme au collectif, soulignées par la pandémie qui a révélé l'outrage au lien social ; lien, pourtant essentiel, tenu pour rien, depuis des années, par l'oubli des sans grade, pourtant à la tâche et en manque de protections, en la circonstance. Corps mangé par les écrans, révélé par le télétravail lorsqu'il est pratiqué à longueur de temps, dans l'absence de ruptures d'occupations et de détentes physiques, pourtant reconnues vitales. Finies, alors, les pauses pratiquées avant, à plusieurs, autour d'un café, qui aidaient à entretenir le climat de l'entreprise, et font vomir aujourd'hui la perspective d'un transhumanisme décorporé. Corps en manque de chair, souligné par les étonnements d'enfants devant les visages masqués qu'ils ne peuvent plus interpréter, tant ils devinent que la grammaire du verbe ne saurait suffire à traduire toutes les réactions d'autrui, et que la chair nous appartient.

Corps en souffrance, encore, d'une humanité livrée à elle-même, devenue ignorante des traditions qui furent les siennes, en nos contrées, et du sens donné au long des siècles de tradition à l'existence. Cela, dans la revendication de profiter de la vie sans attendre, sous prétexte que nul ne connaît ce qui adviendra demain. Cela, encore, au prix de la perte de foi en un Dieu consolateur, réputé vainqueur – à venir… – par une tradition balayée, depuis hier, par des esprits négateurs des références, alors que les populations de ce temps-là acceptaient sans récriminer les souffrances en ce monde. Elles n'attendaient pas le grand bonheur en cette vie, mais croyaient en celui d'un Ciel à venir. C'était le temps où l'Église catholique donnait le ton à la société, où l'espérance de vie, au sens statistique, était très inférieure à la nôtre. Cela aidait à la patience, à n'en pas douter.

Poésie, de nouveau, avec Paul Claudel, qui pensait toujours plus loin, lorsqu'il faisait œuvre de poëte, avec ce tréma, comme deux notes distinguées, pour mieux manifester un ceci et un cela, en faire un tout qui somme l'ensemble du créé, et non une disposition particulière. Grâce à Mallarmé, il avait appris à accueillir la question venant de l'*extérieur*, le monde en apparence des objets : « Qu'est-ce que cela veut dire ? », avec le sens précis d'un texte qui dit quelque chose. Seulement, comme l'écrit Mallarmé : « Sous la copieuse machine des apparences, il y a en réalité vacance, absence[380]. » Le jeune Claudel, sensible à des résultats qui prônent, selon les physiciens de l'époque, la promesse d'une clarification sans reste des effets et des causes, – bref, d'une libération de l'homme –, sombra dans le désespoir. Il en sortira d'un coup, « près du second pilier à l'entrée du chœur de la cathédrale Notre-Dame de Paris, à droite », dans la nuit de Noël 1886, convaincu alors que l'homme moderne, comme l'écrit Baudelaire et le rappelle Jean-Luc Marion[381], se trompait d'idole. De Mallarmé, il recevra le « choc de l'esprit[382] », et de Rimbaud retiendra « le lien réciproque entre la libération du langage et la libération de l'esprit[383]. » Sur le langage, justement, Claudel en vint à se convaincre qu'il était appelé à devenir poëte, en comprenant que les mots d'un autre doivent s'exprimer en lui, et qu'il doit céder à leur l'initiative. Le verbe ne vient donc pas de lui, il lui est donné de cet autre, de Dieu, comme le pressentait Rimbaud : « Peut-être devrais-je m'adresser à Dieu[384]. » Advint alors le véritable moi poétique, et Claudel en vint à professer : « Je ne suis pas tout entier si je ne suis pas avec le monde qui m'entoure. C'est tout entier moi que tu demandes ! C'est le monde tout entier que tu me demandes[385] ! » Par où nous retrouvons un univers à taille humaine.

Il ne se doutait pas que les sciences dites exactes, malgré tant de victoires accumulées, devraient faire avec la modestie, et qu'elles connaîtraient la réfutation, des dépassements, et que des paradigmes feraient place à d'autres. Aurélien Barrau écrit pour sa part : « Les paramètres cosmologiques sont connus avec des précisions qui avoisinent le pourcent et le scénario s'affine

---

380 Citation tirée de J.-L. Marion, « Habiter poétiquement le monde » in *Communio*, tome 44, 2-3, 2019, p. 149

381 *Ibid.*

382 S. Fumet, Introduction à L'œuvre poétique de Paul Claudel, in *Paul Claudel Œuvre poétique*, Bibl. de la Pléiade, 1977, p. IX

383 P. Claudel, Ode II, « L'esprit et l'eau », *ibid.*, p.233

384 J.-L. Marion, *cf. supra* in *Communio*, p. 153

385 P. Claudel, Ode IV, « La Muse qui est la grâce », *op. cit.*, p. 274

pratiquement de jour en jour. En contrepoint, les incomplétudes, les tensions, les arbitraires se dessinent et s'ancrent dans la démarche. Faut-il n'y déceler que des erreurs ou des errements, des accidents, des impasses ? Faut-il d'ailleurs nécessaire de définir et fonder ? Faut-il interdire ou plutôt *inter-dire*[386] ?

L'urgence du silence pour une réflexion

Nous avons entendu plus haut l'histoire des pièces testées en laboratoire jusqu'à rupture. Elles sont écartelées, mises à mort, réduites au silence pour mieux nous parler. À notre tour, bien des fois, c'est nous qui sommes mis à l'épreuve *pour de vrai*. Nous ne l'avions pas choisie. La vie l'a imposée. Nous avons tout donné, et ne pouvons plus rien ajouter. Par là, nous rejoignons la croix d'un autre supplicié, qui en est le lieu central. Un vide, celui du Samedi Saint, prolonge celui du Vendredi, après la mort de ce Verbe : un vide sur Terre, laissé par Lui, entre Ascension, sa montée au Cieux, et Pentecôte, le don fait aux hommes d'un parler créateur qui leur appartient, et destiné à tous, qui inspire de fond en comble et permet de l'accomplir.

Nécessaire silence, à la pensée d'un Yuval Noah Harari, d'un Jean-Pierre Changeux, qui en sont des pratiquants. D'un Bernard Stiegler, aussi, pareil, mais en plus sombre, sans qu'il y croie vraiment ? Nécessaire silence, comme un recul favorisant le regard devant une situation, voire une déconnexion, jusqu'à une mort acceptée, qui s'impose pour regagner la vie, penser et apprendre à réagir et parler de nouveau en résonance avec le monde et, plus encore, avec l'univers. Par-là s'honorerait la part de chacun à résister aux pressions s'exerçant insidieusement sur les esprits, et à s'ouvrir à des instances de réflexion dûment établies, sous l'égide d'un Conseil économique et social et environnemental au service de l'avènement d'une démocratie délibérative des citoyens, avec un Parlement compatible... Les

---

[386] A. Barrau et de D. Parrochia (sous la dir. de), *op. cit.*, pp. 355-356

sujets controversés, tel le climat, la 5 G, la fin de vie, les dépenses en carbone, le nucléaire, les manipulations de l'ADN, etc., nous réclament. Où se pose la question de la capacité d'un transhumanisme capable de réaliser pareil partage…

Réflexion encore, promue chez de jeunes turbulents, jusqu'à ne plus les reconnaître, tant ils se montraient auparavant intenables en mathématiques ou en histoire, et devenus capables d'entrer en méditation à la faveur de rencontres organisées par l'école ; la catholique, notamment, investie en de nombreux pays, qui accueille des élèves de différentes confessions et nationalités, y compris des déclarés athées, et donnant aux élèves de réfléchir ensemble, les conduisant à croire qu'ils peuvent s'aider à s'écouter, à entendre d'autres facultés dont l'existence leur échappait, bref à grandir sans jamais tomber dans le syncrétisme ou le prosélytisme. Méditation expérimentée, encore, à l'école avec des enfants en état de stress, de souffrance psychologique, et initiés par une méthode lancée par une start-up, *Util Studio*, de La Rochelle, qui apprennent à « se poser, à se calmer, à suspendre la pulsion d'agir, et à ne pas agir sur le coup de leurs émotions[387]. »

Au bout du compte, ajoutons les spiritualités

Les interpellations entre sciences et spiritualités font valoir que des chemins vers la vérité sont multiples et trouvent à s'approcher. Un neurologue, Lionel Naccache, de confession juive, s'attelle à reconnaître ces dimensions : « Loin d'être un objet extra-mondain, le judaïsme – et avec lui tous les autres cultes religieux – existe, certes, par le message qu'il adresse à des esprits humains, mais aussi à travers les questionnements et les interprétations qu'il provoque en nous. Dès lors que nous en savons davantage sur les propriétés psychologiques et les mécanismes cérébraux de notre esprit, il devient alors difficile de faire l'économie d'une réflexion croisée entre ce savoir

[387] *Sud Ouest,* « Les écoliers lâchent prise », 11-10-19, p. 12

neuroscientifique et l'essence de ces cultes[388]. » Il n'y a plus opposition systématique entre sciences et religions, alors que de nombreux esprits prétendirent la voir régner à jamais. La coupure s'origine au XIIIe siècle, quand apparaît la querelle entre réalisme et nominalisme. Le premier s'appuyait sur la seule raison, avec saint Thomas d'Aquin. Elle était alors reconnue capable d'unifier le savoir sur les choses et ce que nous sommes, mais le second avait réagi avec Guillaume d'Ockham en affirmant que les mots raisonnés ne donnent pas les moyens de délivrer l'essentiel de la vie, et se contentent de permettre aux humains de communiquer entre eux ; à charge pour ces derniers de se tourner vers l'observation et l'expérimentation, afin de progresser, ouvrant ainsi la porte aux sciences. Il s'en est suivi « une juxtaposition des régimes humains et divins du savoir[389]. » Or, voici que l'opposition avancée commence à manquer d'assurance certifiée, car des évolutions en matière de pensées sur les recherches en physique des particules et en astrophysique paraissent problématiques au regard de chercheurs qui en viennent à faire appel à la poésie pour combler des attentes de résultats expérimentaux qui ont l'air de se refuser à venir. Il apparaît de mieux en mieux que les élans poétiques chez des chercheurs en difficulté de mise en place de processus expérimentaux manifestent l'attrait d'une relation élargie au réel. À croire qu'ils se voient forcés de sortir de raisonnements logiques établis dans le cadre de leur discipline qui en viennent à ligoter la pensée, à plus ou moins brève échéance, et à occulter des portes ouvrant non sur un ailleurs, mais peut-être bien sur un *chez nous*. Cependant, des disciplines scientifiques, à l'essor fulgurant : la médecine génomique, les neurosciences, l'intelligence et les capacités du vivant, propres à inspirer bio-inspiration et biomimétisme, et les

---

388 L. Naccache, *Quatre exercices de pensée juive pour cerveaux réfléchis - Le judaïsme à la lumière des neurosciences*, Éd. In press, 2003, p. 26

389 Ch. Boureux, « La transcendance interne à l'immanence dans l'économie du sens et du salut en christianisme », in *Connaître* - cahiers de l'Association Foi et Culture Scientifique - Réseau Blaise Pascal, n° 52, 2019, pp. 61-62

pouvoirs de l'informatique, entre autres disciplines, ignorent le fait et bénéficient d'un élan qui ne semble pas près de s'éteindre.

L'homme est riche de potentialités inattendues qui l'*augmentent*, mais que le transhumanisme relativise, quand il ne table, au fond, que sur les performances techniques et des algorithmes nourris à profusion de statistiques voraces. Il compte pour rien des dons exceptionnels et en même temps si ordinaires que nous avons oubliés. Il ignore des passés historiques porteurs, tel celui de Proclus, nous rappelant que la philosophie n'est pas toujours à la remorque des découvertes scientifiques. Des points de vue datés ont gardé leur jeunesse intacte, sont à affirmer au présent, ignorants du temps qui passe, et sont de grands classiques, au sens où ils témoignent d'un trésor inépuisable de l'humanité, respectueuse des dons légués par les anciens. Ils amènent à entretenir vive en nous une conviction d'actualité à sauvegarder, conduisant à relire des fondements trop ignorés, à prendre conscience qu'ils sont dignes de reconnaissance et de juste fierté léguée.

LA PAROLE AURA-T-ELLE LE DERNIER MOT ?

Tout ce qui a été inventé sur le plan matériel, à buts pratiques, les artefacts, au-delà des objets légués par la tradition, repose au préalable sur une maîtrise calculée. Mais il est des créations qui échappent aux chiffres. Ainsi, en est-il du monde vivant, et l'on justifiera le fait en disant que c'est naturel, ou que *c'est comme ça*.

Des capacités humaines nous stupéfient : celles opérées par les coupeurs de feu, les sourciers, les chamans inuits, mais le sens commun des mortels, aussi, la psychologie de la motivation, capable de se hisser, sans le savoir, jusqu'à la thermodynamique, et d'autres disciplines encore. Einstein éprouvait des sensations lors de ses recherches sur la théorie de la relativité restreinte. *Ça* parlait si bien en lui, en son corps, qu'il se persuada d'avoir accès à la formulation mathématique de la théorie. Il y a donc quelque chose de plus originel que le calcul : une *parole*, créatrice, qui ouvre sur des réalisations. On se rappelle la parole du Dieu d'Israël, lors de la Genèse de l'univers, qui commence ainsi : « *Que la lumière soit*, et la lumière fut. » Des scientifiques en viennent de nos jours à devenir poètes, à se recommander de la musique, de la peinture et autres œuvres d'art, comme si une réalité encore plus fondamentale, issue d'horizons si variés, et devenue signe des temps, les imprégnait et leur parlait autrement qu'en chiffres. Ça parle en nous ! Le Graal de la physique, qui nous a occupé plus haut, et se cherche, pour l'heure, sans succès encore par les équations, est-il un signe d'une évolution irréversible qui nous concerne tous et ferait l'éloge du sens commun ?

Au demeurant, les créations ne surgissent-elles pas, en première instance, d'une inspiration, d'un quelque chose qui vous a été soufflé – mais d'où ? –, et donné de le formuler, de le parler ?

La parole va plus loin que les chiffres, jusqu'à accoucher, en poétesse, d'une irrésistible exultation vibrante, initiée par une ébauche d'inconnue, la lettre *x*, familière aux collégiens, mais ignorante encore d'une suite bien plus prometteuse. L'univers n'est pas fait seulement d'objets ou de choses, mais de présences dialoguantes, ainsi que nous l'a appris la physique quantique, grâce à un *ternaire* indissociable : les expérimentateurs, les *objets* étudiés et l'environnement. Un *chez nous* se manifeste de la sorte avec un *entre nous*, par la capacité de parler, d'échanger, de savourer un commun essentiel inépuisable et universel.

Dans ce parcours, nous avons insisté sur l'homme, cet immense pluriel, éminemment singulier, pour désigner un destin commun qui totalise en l'homme la nature dans son immensité, en ses évolutions croisées « par lui, avec lui et en lui ». Comment ne pas sous-entendre, alors, un appel à la fraternité universelle ? Seulement aux côtés d'un virus pandémique marqueur d'une solidarité manifeste, un autre virus s'est répandu, celui de simplifications à outrance du réel, qui abandonne à chacun le soin d'un jugement absolu, jusqu'à un individualisme revendiqué. Or voici que la naissance d'une civilisation, où le progrès matériel perd enfin sa place usurpée de moteur exclusif d'évolution humaine, en vient à nous réclamer. Notre civilisation a fait de l'homme un transformateur forcené de la matière, croyant y trouver sens à son existence. Il se découvre appelé à grandir dans la contemplation de ce qui, en apparence, lui vient de l'extérieur, mais qui est en puissance inné à l'intérieur, dans une exubérance de relations, d'interpellations à accueillir à tous niveaux, entre l'individuel et le collectif, le local et le général, le minuscule et le géant, le particulier et l'universel. Pour cela, notre époque a besoin d'éveilleurs tous azimuts capables d'aviver en grand la curiosité de la Création avec des questions qui lui vont si bien, et contribuent à la recherche du sens de l'existence.

Solidarité… l'ONU en rêve, car les droits de l'homme ne sont pas reconnus par tous les États. Un réalisme, cependant, apparaît avec des initiatives qui n'ont pas la taille symbolique de l'ONU, mais soulignent des initiatives de quelques États, en fonction de leurs intérêts immédiats. Ainsi, le G 7, né en 1975 du premier choc pétrolier, puis le G 20, suite à la crise financière de 2009. Mais l'élan va plus loin, ici et là, avec un quelque chose de plus humain, qui fait du bien : le C 40, par exemple, qui fédère 96 très grandes villes, et a établi des règles de mise en place des accords de la COP 21, en 2015, à Paris. L'Organisation Mondiale de la Santé, également, bénéficie, en plus de la collaboration d'États, de contributions volontaires privées, celle de la fondation Bill-et-Melinda-Gates, par exemple. Mark Halle, ancien vice-président de l'Institut international pour le développement durable à Genève, déclare que l'espoir de gouvernance mondiale « ne viendra pas des institutions internationales. L'espoir réside dans la multiplication des initiatives sectorielles en créant une dynamique dans des secteurs ou des régions où cela peut marcher[390]. » Où nous retrouvons l'idée d'une transversalité à taille humaine qui ne vient pas d'en haut, même si des sommes ainsi allouées s'avèrent énormes.

La transversalité, avons-nous plaidé, cette capacité à entendre des propos aptes à élargir l'esprit, est à initier dans le cursus scolaire, dès l'enfance. La compétence en tout domaine ne saurait, en effet, être un maître-mot. Apprendre à rester ouvert, car tout me concerne, même le plus étrange, puisque je suis homme, voilà la consigne. Une anti-Babel programmée, pour commencer, à la pensée, notamment, de ce XXIe siècle, promis, plus encore que le précédent, à des vagues massives de migrations appelant nos sociétés à devenir multiculturelles, pour le meilleur !

Élargis encore, nous venons de l'être, à la pensée de formidables élans de solidarité qui ont accompagné la pandémie. Comment oublier ces initiatives personnelles qui inventent la vie dans les moments de détresse, la capacité de réactions inventives données à certains, et qui en allument chez d'autres ? À croire que la vie aime à commencer petit et varié, voire défectueux ou raté. Comme nous aimerions, dans ces conditions, plaider que les catastrophes de taille mondiale ont le génie de nous remettre en mémoire et en actions ce qui fait de nous des frères et des sœurs en humanité ! Seulement quelle mémoire en garderons-nous ou en avons-nous encore gardé,

[390] *La Croix*, « Comment relancer la gouvernance mondiale », 28 mai 2005, p. 22

nous qui étions devenus oublieux de la mortalité, laissant à a chacun le soin de se suffire à lui-même en se taisant ?

Ainsi qu'il arrive, chaque fois que se produit une pandémie, comme l'écrit Albert Camus dans *La Peste*, des cris de joie refont surface, un jour. Seulement, l'allégresse sera toujours menacée. Le narrateur de l'ouvrage, le Dr Rieux, sait que « le bacille de la peste ne meurt ni ne disparaît jamais, qu'il peut rester des dizaines d'années endormi dans les meubles et le linge, qu'il attend patiemment dans les chambres, les caves, les malles, les mouchoirs et les paperasses, et que, peut-être, le jour viendrait où, pour le malheur et l'enseignement des hommes, la peste réveillerait les rats.[391] »

Albert Camus ne voyait pas d'échappatoire possible à la situation, et le bon sens appris au fur et à mesure du déroulement de l'histoire des hommes ne peut qu'approuver la sagesse du narrateur. À Tarrou, un intellectuel athée, l'auteur fait dire de la peste : « Je sais, de science certaine [...] que chacun la porte en soi, la peste, parce que personne, non, personne au monde n'en est indemne. Et qu'il faut se surveiller sans arrêt pour ne pas être amené dans une minute de distraction, à respirer dans la figure d'un autre et à lui coller l'infection[392]. » Il venait de déclarer au docteur, juste avant : « J'ai continué d'avoir honte, j'ai appris cela, que nous étions tous dans la peste, et j'ai perdu la paix. »

À aucun moment Camus n'opte pour la possibilité de porter le regard vers un ailleurs qui, sans relativiser le propos, apprendrait à nous élargir plus encore. C'est ce à quoi, pourtant, nous nous sommes employé dans cet ouvrage. Vive donc les familiers des pistes à la nuit tombée, jubilants amoureux de meutes de loups, de brebis, de patous, stupéfaits et amoureux des égards manifestés entre eux, jusqu'à nourrir chez les

---

[391] A. Camus, *La peste*, folio, 1988 (première édition, 1947), p. 228

[392] *Ibid.*, p. 279

humains une réflexion politique[393] ! Vive les spectaculaires documentaires de la BBC et autres Yann Arthus-Bertrand, qui nous révèlent des merveilles de la nature, de notre univers, interprétable jusqu'à l'intime de nous-même. Et cela, grâce à des voyants équipés de lunettes astronomiques et autres longues-vues, montrant tous ces *ailleurs*, à reconnaître à demeure chez nous. Sentir que ces derniers sont à notre portée, puisque nous en goûtons déjà quelque chose, voilà notre vocation ; ce qui suppose des relations dépassant le quant-à-soi, et ne fait pas de classement entre les bien-portants et les autres, les sachants et les ignorants. Seulement, cela ne peut se traduire sans de profondes conversions : réaliser, notamment, que les emprunts faits à la Terre, en lui arrachant de plus en plus tôt ce qu'elle ne peut donner, est devenu un crime contre l'humanité, et que le bonheur ne doit pas seulement se reconnaître une fois qu'il a été perdu.

Il se trouve, cependant, des esprits qui ne se laissent pas démonter par les événements. Ainsi est-il remarquable que des scientifiques s'intéressent aujourd'hui à la science-fiction. Ils n'en attendent pas des prédictions assurées, mais de quoi nourrir leur imaginaire. Leurs rêves ne sont pas ceux du transhumanisme, trop suffisant dans ses travaux, et l'impression se dégage avec eux d'un besoin sans doute très humain, voire nécessaire, d'imaginer des avenirs possibles, des espaces qui vous transportent toujours plus loin ou ailleurs. Nous découvrons en eux un courant qui ressemble à celui de scientifiques rencontrés dans ces pages, qui s'éprouvent en manque d'équations, actuellement impossibles à établir, à tester, et jusqu'à penser qu'elles n'auront peut-être pas le dernier mot. Faut-il s'en affliger ou reconnaître, au contraire, l'accès donné à tous d'une saveur partagée, irrésistible et salutaire, en vue d'un *monde d'après* ? Serait-ce alors le signe d'un désir humain

---

[393] B. Morizot, *op. cit.*, p. 211

enfoui et juste découvert qui révèlerait une aspiration à un certain repos, suite à un grand œuvre humain exploratoire opéré, ayant prouvé des exploits, mais aussi des limites, en raison de méthodes qui auraient fait leur temps ?

Comment qualifier plus précisément ce repos ? Pascal a ces mots définitifs : « Rien n'est si insupportable à l'homme que d'être dans un plein repos, sans passion, sans affaires, sans divertissement, sans application. Il sent alors son néant, son abandon, son insuffisance, sa dépendance, son impuissance, son vide. Incontinent, il sortira du fond de son âme l'ennui, la noirceur, la tristesse, le chagrin, le dépit, le désespoir[394]. » Un jour viendra-t-il où les disciplines scientifiques arriveront au terme de leurs résultats ? Il est heureusement permis d'en douter, au moins pour nombre d'entre elles. En effet, le monde des astres nous réserve assurément de gros étonnements, et le monde de la nature terrestre, aussi, avec ses millions et ses millions d'espèces, dont nous ne connaissons qu'une très faible partie, sans parler des organismes génétiquement modifiables, à supposer que l'opération se justifie… Les mathématiques, pour leur part, n'ont pas besoin d'applications immédiates pour se justifier, et paraissent d'une vitalité infinie. Le monde de la santé, lui non plus, n'est pas à la veille de connaître une pénurie de recherches engendrées par des maladies qui n'existent pas encore.

Le repos dont nous avons fait état a mis l'accent sur la nécessité d'une déconnexion, par moments, apte à nous interroger sur nos vitesses d'évaluation du bien-fondé de nos productions technologiques, à supposer qu'elles existent… Comme le souligne Isabelle Rak, professeur des Universités en sciences physiques à l'École Normale Supérieure Paris Saclay, à aucun moment on ne s'étonne de l'énorme différence entre la vitesse d'évolution de la nature et celle de nos productions.

---

[394] B. Pascal, *op. cit.*, p. 1138, 201 [47.]

Tout se passe comme si le temps avait disparu, alors que les sciences physiques témoignent du temps et son irréversibilité[395].

L'homme s'est absenté des sciences durant des siècles. En fait, il y était caché, mais ne le savait pas. Il s'était mis à croire à un dualisme qui lui permettait d'en finir avec une métaphysique qui le ligotait dans ses facultés. Bien lui en prit, car l'expérience lui a montré que pour progresser dans la connaissance de la vérité, il fallait d'abord y croire, mais aussi simplifier le réel, trancher au-dedans, accepter de se tromper dans les investigations, reconnaître les erreurs et surtout les contradictions, parce qu'elles s'avèrent nourricières. Merveilles, à la pensée que l'homme était là, en sous-œuvre, attendant l'heure de s'affirmer, de se reconnaître inclus dans ses recherches. Merveilles, à la pensée que la nature n'est pas rancunière d'avoir été traitée en étrangère, et le somme de se parler à lui-même, de rêver de conquêtes, de les réaliser, au risque de se perdre dans un hors sol. Mais que serait la beauté jubilatoire de la vie sans les épreuves vaincues en ce monde ?

Notre univers est à visage humain. Un danger, une menace, outre l'individualisme ambiant, serait de vivre retranché avec d'autres, à l'écart. Nous manquerions à nous-même. Nulle place, ici, pour le narcissisme et l'arrogance à se scruter, à s'admirer, car chacun est amené à lire et à interroger ce visage, ce *chez nous*, en se déportant. Peut alors s'allumer en lui un désir de connaissance sans limite de l'extérieur apparent pour en faire un ressenti, c'est-à-dire un intérieur. Il est des moments où l'homme se sent, en effet, intimement accordé à un grand tout, et se parle, alors qu'il a si souvent du mal à s'entendre. Un immense écho s'éprouve, de la sorte, comme une communion

[395] I. Rak, « Quand la science nous apprend la patience » in *Communio*, 2020, tome 45-6, pp. 75-87

ou comme un Autre, au dedans de lui. S'éveille ainsi la conscience de la spiritualité et de sa pertinence.

Seulement, n'avons-nous pas tous en commun des réactions d'effroi et de fascination mêlées, au souvenir du genre péplums, étalant, avec un luxe de réalisme sordide, les jeux du cirque de l'Empire romain, révélateurs d'une humanité éprise de jouissances et de violences animales ? Et puisque la nature, au sens le plus large qui soit, baigne en l'homme, avons-nous répété, l'écologie est intégralement anthropologique. L'écologie commence donc par l'aveu que l'homme, par nature, y est en procès, et qu'il n'est pas d'écologie sans parler de notre conception de l'homme, de ce qu'il est en lui-même. Recenser l'arsenal follement varié de noms d'animaux redoutables, dont notre vocabulaire est friand, en livre une pensée. Le rêve et la capacité d'heureuses métamorphoses se manifestent aussi, que les poètes et l'affection expriment si bien, et qui révèlent l'aspiration à un toujours plus, encore plus humain.

ANNEXE

La relativité générale

Einstein a l'intuition, en 1907, qu'un homme tombant en chute libre du haut d'un toit perd la notion de poids. Il poursuit l'idée, une expérience de pensée, en imaginant un homme dans un ascenseur qui monte en accélérant dans un espace vide autour de lui. Il réalise qu'il sera impossible à ce dernier de faire la différence avec ce qu'il ressentirait s'il se trouvait soumis à une augmentation de l'attraction de la Terre. Il y voit l'équivalence des deux situations (une équivalence qui pose aujourd'hui question à certains, jugée discutable…). Désormais, la gravitation, qui fait tomber la pomme de Newton, n'est plus à ressentir comme une force : une accélération dans le repère considéré en tient lieu, et elle est une propriété du contenant lui-même, l'espace. Plus exactement, l'espace-temps.

En fait, la présence de masses courbe l'espace-temps. Une image (sans prétention) en est donnée par une toile élastique tendue. Une masse posée sur elle la déforme, et va donc affecter la trajectoire d'une boule roulant à proximité.

De même, des rayons lumineux passant au voisinage d'une masse auront une trajectoire arrondie du fait de la courbure de l'espace engendrée par elle.

Le 14 septembre 2015, a lieu une preuve retentissante de la théorie. Pour la première fois, en effet, des ondes gravitationnelles, vont être observées, grâce à la détection de vibrations, de secousses dans l'espace provoquées par la fusion de deux corps célestes de grande masse. Leur existence avait été prédite, cent ans auparavant par Einstein. Désormais, notre regard est capable de scruter l'univers à partir d'elles, alors que, jusqu'à l'heure, il ne le sondait que grâce aux émissions de lumière astrale.

La physique quantique

Jusqu'au XIXe siècle, les physiciens croyaient à une continuité en matière d'énergie : la température de l'eau dans une casserole augmente continûment lorsqu'elle est chauffée, et les courbes enseignées avec les classiques fonctions continues marchent à merveille en physique. Mais voici une surprise au tout début du XXe : l'énergie rayonnante – la lumière en est une – est reconnue varier de façon discontinue. Une énigme sur cette dernière, courait d'ailleurs depuis le XVIIe siècle : Newton, voyait la lumière faite de particules, au lieu d'ondes, pour Huygens. Un vrai casse-tête pour la logique. La physique quantique établit une unité entre les deux formes. Ses performances sont étonnamment précises et prédictives, et elle établit que l'énergie varie par sauts, les *quanta*.

Elle se distingue aussi de la physique classique, selon laquelle les objets sont indépendants de l'observateur, posés en face, alors que pour elle ce qui est observé, quelle que soit sa taille, est inséparable de lui et du banc d'essais, très élargi, autrement plus vaste que le local expérimental. Un mot la caractérise : *intrication*, rimant avec *jonction*, *relation* tous azimuts.

Nous écrivons *physique quantique* et non *mécanique quantique*, parce que la mécanique n'a pas la capacité de synthèse de cette théorie.

ÉLÉMENTS BIBLIOGRAPHIQUES

E. Alexander, *La preuve du paradis*, Trédaniel, 2013

A. Al-Tayyeb et alt., *La fraternité humaine - Pour la paix mondiale et la coexistence commune*, Salvator, 2019

P. Andel (van) et alt., *De la sérendipité dans la science, la technique, l'art et le droit - Leçons de l'anattendu*, L'Act Mem, 2008

Arcy Thompson (d'), *Forme et croissance*, Seuil, 2009

J. Baron, *Penser le sens de notre époque - Un moment d'unité de la pensée*, Embrasure, 2011

A. Barrau et alt., *Forme et origine de l'univers - Regards philosophiques sur la cosmologie*, Dunod, 2010

– *Le plus grand défi de l'histoire de l'humanité*, Michel Lafon, 2020

A. Benmakhlouf, *Pourquoi lire les philosophes arabes*, Albin Michel, 2015

E. Berkovits, *La Torah n'est pas au ciel*, Éditions de la revue Conférence, 2018

J. Blamont, *Le chiffre et le songe - Histoire politique de la découverte*, O. Jacob, 1993

S. Bohler, *Le bug humain - Pourquoi notre cerveau nous pousse à détruire la planète et comment l'en empêcher*, Robert Laffont, 2019

– *Où est le sens ?*, Robert Laffont, 2020

D. Bourcier, voir à P. van Andel

J. Broboff, *La quantique autrement*, Flammarion, 2020

F. Bousquet, *L'esprit de Plotin*, Naaman, 1976
A. Carrel, *L'homme cet inconnu*, Plon, 1935
J. Cl. Carrière, voir à Th. Damour
D. Cauwelaert (van), *Au-delà de l'impossible*, Plon, 2016
Copineau (abbé), *Essai esthétique sur l'origine et la formation des langues*, Paris, 1774
F. Chauvière et alt., *Les promesses de la science*, Flammarion/France inter, 2019
P. Claudel, *Paul Claudel Œuvre poétique*, La Pléiade, 1977
B. Cyrulnik, *Psychothérapie de Dieu*, O. Jacob, 2017
– *De chair et d'âme*, O. Jacob, 2006
Th. Damour, et alt., *Entretiens sur la multitude du monde*, O. Jacob, 2002
Y. Daniel, voir à H. Godin
P. Descouvement, *Thérèse de Lisieux*, Cerf, 1991
K. Devlin, *Bêtes de maths*, Le Pommier, 2009
P. Diel, *Psychologie de la motivation*, PUF, 1962
A. Djebbar et alt., *Les découvertes en pays d'Islam*, Le pommier, 2009
F. Dostoïevski, *Les Frères Karamazov I*, coll. Folio, 1977
P. Egloff, *L'homme augmenté, l'homme diminué - Le grand retour*, L'Harmattan 2019
– *Pour des interpellations entre sciences et spiritualités*, L'Harmattan, 2016
A. Einstein, *Physique, philosophie, politique*, Seuil, 2002
I. Ekeland, *Le calcul, l'imprévu*, Seuil 1984
D. Elbaz, *À la recherche de l'univers invisible - Matière noire, énergie noire, trous noirs*, O. Jacob, 2016
J. Ellul, *La subversion du christianisme*, Albin Michel, 2015
G. Enders, *Le charme discret de l'intestin*, Actes Sud, 2015
B. Espagnat (d'), *Traité de physique et de philosophie*, Fayard, 2002
A. Esquerre, *Théorie des événements extraterrestres*, Fayard, 2016

L. Febvre, *Le problème de l'incroyance au XVIe siècle*, Albin Michel, 1975
L. Ferry, *La révolution transhumaniste - Comment la technomédecine et l'ubérisation vont transformer nos vies*, Plon, 2016
L. Ferry et alt. *Qu'est-ce que l'homme ?* O. Jacob, 2000
M. Foucault, *Les mots et les choses*, Gallimard, 1990
François (pape), *Loué sois-tu - Laudato Si'*, Salvator, 2015
– et alt., *La fraternité humaine - Pour la paix mondiale et la coexistence commune*, Salvator, 2019
S. Fumet, introd. *Paul Claudel Œuvre poétique*, la Pléiade, 1977
J.-G. Ganascia, *Le mythe de la singularité - Faut-il craindre l'intelligence artificielle ?* Seuil, 2017
Cl. Geffré, *Profession théologien - Quelle pensée chrétienne pour le XXIe siècle ?* Albin Michel, 1999
H. Godin, *La France, pays de Mission ?* Le monde en 10/18, 1962
B. Gross, *Shabbat*, L'éclat/poche, 2020
N. Guessoum, *Islam et science - Comment concilier le Coran et la science moderne*, Dervy, 2013
Y. Haenel et alt. *Tout est accompli*, Grasset, 2019
Y.-N. Harari, *Homo deus*, Albin Michel, 2017
G.-W.-F. Hegel, *L'Encyclopédie des sciences philosophiques II*, Vrin, 2004
G. Holton, *L'imagination scientifique*, Gallimard, 1981
D. Horvilleur, *En tenue d'Ève*, Grasset, 2013
S. Hossenfelder, *Lost in maths - Comment la beauté égare la physique*, Les belles Lettres, 2019
C. Hosson (de), voir à A. Djebbar
O. Houdé, *L'intelligence humaine n'est pas un algorithme*, O. Jacob, 2019
Fr. Jacob, *La statue intérieure*, O. Jacob, 1987
D. Jasmin, voir à A. Djebbar
L. Julia, *L'intelligence artificielle n'existe pas*, Éd. First, 2019

J. Klein, *L'Art-Thérapie,* Que sais-je ?, 2019
S. Krief, voir à F. Cahuvière
A. Koestler, *le cri d'Archimède*, Calmann-Lévy, 1980
L. langevin, *La science de l'illusion*, Michel Lafon, 2018
Lao Tseu, *Tao Te King*
Y. Le Cun, *Quand la machine apprend - La révolution de neurones artificiels et de l'apprentissage profond*, O. Jacob, 2019
R. Le Gall, *Le moine et le Lama - Entretiens avec Frédéric Lenoir*, Fayard, 2001
H.N. Loose, voir à P. Descouvement
J.-P. Luminet, *Ulugh Beg, l'astronome de Samarkand*, JC Lattès, 2015
J. Malaurie, *Les derniers rois de Thulé*, Plon, 2002
S. Mancuso, *La révolution des plantes*, Albin Michel, 2019
F. Meyronnis, voir à Y. Haenel
J. Moingt, *Dieu qui vient à l'homme*, t. 2, Cerf, 2005
E. Morin, *La fraternité - Résister à la cruauté du monde*, Actes Sud, 2019
B. Morizot, *Manières d'être vivant*, Actes Sud, 2020
L. Naccache, *Quatre exercices de pensée juive pour cerveaux réfléchis - Le judaïsme à la lumière des neurosciences*, Éd. In press, 2003
B. Nicolescu, *La transdisciplinarité - Manifeste*, Éditions du Rocher, 1996
E. Orsenna, *Cochons - Voyage au pays de vivant*, Fayard/Stock 2020
J.-M. Oughourlian, *Notre troisième cerveau - La nouvelle évolution psychologique*, Albin Michel, 2013
R. Panikkar, *Entre Dieu et le cosmos*, Albin Michel, 1998
D. Parrochia, voir à A. Barrau
B. Pascal, *Œuvres complètes*, Bibl. La Pléiade, 1980
A. Peyriguère, *Laissez-vous saisir par le Christ*, Centurion, 1963

P. Picq, *L'intelligence artificielle et les chimpanzés du futur - Pour une anthropologie des intelligences*, O. Jacob, 2019
P. Pierrard, *Le prêtre français, du concile de Trente à nos jours*, Desclée, 1986
F. Pomel, *Engins et machines - L'imagination mécanique dans les textes médiévaux*, 2015, PUR
E. Pouydebat, *Quand les animaux et les végétaux nous inspirent,* O. Jacob, 2019
I. Prigogine, *Introduction à la dynamique des processus irréversibles*, Dunod, 1968
– et alt., *La nouvelle alliance*, nrf-Gallimard, 1980
V. Rets, voir à Y. Haenel
É. Revol, Vivre - *Ma tragédie au Nanga Parbat*, Arthaud, 2019
M. Ricard et alt., *L'infini dans la paume de la main,* Fayard-Nil, 2000
J. Rinpoché, voir à R. Le Gall
M.-M. Robin, *La fabrique des pandémies*, La découverte, 2021
H. Rosa, *Rendre le monde indisponible*, La Découverte, 2020
M.-A. Selosse, *Jamais seul - Ces microbes qui construisent les plantes, les animaux et les civilisations*, Actes Sud, 2017
E. Salobir, *Dieu et la Silicon Valley*, Buchet-Chatel, 2020
P. Servigne et alt., *Quand tout peut s'effondrer*, Seuil 2015
Y. Sillard (sous la direction de), *Phénomènes aérospatiaux non identifiés*, Éd. le cherche midi, 2007
I. Sorente, *180 jours*, Gallimard, 2019
B. Spinoza (de), *L'éthique*, deuxième partie : « De la nature et de l'origine de l'esprit », coll. Idées puf, 1967
I. Stengers, voir à I. Prigogine
R. Stevens, voir à P. Servigne
Ba. Stiegler, *Il faut s'adapter - Sur un nouvel impératif politique*, Gallimard, 2020
B. Stiegler, *Dans la disruption*, Éd. les liens qui libèrent, 2016
P. Teilhard de Chardin, *Le phénomène humain*, Éditions du Seuil, 1955
F. Theraulaz, voir à F. Chauvière

T.X. Thuan, voir à M. Ricard
Fr. Tristani-Potteaux, *Profession ? chercheur*, Cnrs Éditions, 2019
J. Trouillard, *Procession néoplatonicienne et Création judéo-chrétienne*, Institut Catholique de Paris, 1973
F. Verdier, *Passagère du silence - Dix ans d'initiation en Chine*, Albin Michel, 2019
J.-D. Vincent, voir à L. Ferry

INDEX DES NOMS PROPRES

TABLE DES MATIÈRES

Structures éditoriales du groupe L'Harmattan

L'Harmattan Italie
Via degli Artisti, 15
10124 Torino
harmattan.italia@gmail.com

L'Harmattan Hongrie
Kossuth l. u. 14-16.
1053 Budapest
harmattan@harmattan.hu

L'Harmattan Sénégal
10 VDN en face Mermoz
BP 45034 Dakar-Fann
senharmattan@gmail.com

L'Harmattan Cameroun
TSINGA/FECAFOOT
BP 11486 Yaoundé
inkoukam@gmail.com

L'Harmattan Burkina Faso
Achille Somé – tengnule@hotmail.fr

L'Harmattan Guinée
Almamya, rue KA 028 OKB Agency
BP 3470 Conakry
harmattanguinee@yahoo.fr

L'Harmattan RDC
185, avenue Nyangwe
Commune de Lingwala – Kinshasa
matangilamusadila@yahoo.fr

L'Harmattan Congo
67, boulevard Denis-Sassou-N'Guesso
BP 2874 Brazzaville
harmattan.congo@yahoo.fr

L'Harmattan Mali
ACI 2000 - Immeuble Mgr Jean Marie Cisse
Bureau 10
BP 145 Bamako-Mali
mali@harmattan.fr

L'Harmattan Togo
Djidjole – Lomé
Maison Amela
face EPP BATOME
ddamela@aol.com

L'Harmattan Côte d'Ivoire
Résidence Karl – Cité des Arts
Abidjan-Cocody
03 BP 1588 Abidjan
espace_harmattan.ci@hotmail.fr

Nos librairies en France

Librairie internationale
16, rue des Écoles
75005 Paris
librairie.internationale@harmattan.fr
01 40 46 79 11
www.librairieharmattan.com

Librairie des savoirs
21, rue des Écoles
75005 Paris
librairie.sh@harmattan.fr
01 46 34 13 71
www.librairieharmattansh.com

Librairie Le Lucernaire
53, rue Notre-Dame-des-Champs
75006 Paris
librairie@lucernaire.fr
01 42 22 67 13

www.ingramcontent.com/pod-product-compliance
Lightning Source LLC
LaVergne TN
LVHW010020081026
849535LV00016B/1813